动　物
繁殖学研究

吕睿光　杨丽华　刘　靓◎著

四川科学技术出版社

图书在版编目（CIP）数据

动物繁殖学研究 / 吕睿光，杨丽华，刘靓著．-- 成都：四川科学技术出版社，2024.6

ISBN 978-7-5727-1378-1

Ⅰ．①动… Ⅱ．①吕… ②杨… ③刘… Ⅲ．①家畜繁殖－研究 Ⅳ．① S814

中国国家版本馆 CIP 数据核字（2024）第 111251 号

动物繁殖学研究
DONGWU FANZHI XUE YANJIU

著　　者　吕睿光　杨丽华　刘　靓

出 品 人　程佳月
责任编辑　朱　光
助理编辑　杨小艳
选题策划　鄢孟君
封面设计　星辰创意
责任出版　欧晓春
出版发行　四川科学技术出版社
成都市锦江区三色路 238 号 邮政编码 610023
官方微博 http://weibo.com/sckjcbs
官方微信公众号 sckjcbs
传真 028-86361756
成品尺寸　170 mm × 240 mm
印　　张　8
字　　数　160 千
印　　刷　三河市嵩川印刷有限公司
版　　次　2024 年 6 月第 1 版
印　　次　2024 年 6 月第 1 次印刷
定　　价　58.00 元

ISBN 978-7-5727-1378-1

邮　　购：成都市锦江区三色路 238 号新华之星 A 座 25 层　邮政编码：610023
电　　话：028-86361770

■ 版权所有　翻印必究 ■

PREFACE 前言

繁殖是生物产生与自身相似的新个体，是保证生物物种延续的最基本的生命活动之一。动物繁殖是动物生产中的关键环节，直接关系到畜群数量的发展，也是品种改良、提高畜群生产力的重要手段。动物繁殖学是研究动物生殖的现象，揭示其繁殖的自然规律，并在此基础上研究繁殖技术，调整和控制动物的繁殖过程，充分发挥动物繁殖潜力，提高繁殖力的一门学科。作为研究动物繁殖问题的学科，其主要任务首先是阐述动物生殖生理的普遍规律及种属特性，以便能掌握和运用这些规律去指导动物繁殖实践；其次是阐述现代繁殖技术的理论基础及传授操作技术。

随着国民经济的高速发展和人民生活水平的稳步提高，人们对畜禽产品的需求量越来越大，对其品质的要求也越来越高。于是，积极推进动物繁殖技术的发展，保持并提高饲养动物的生殖机能，充分发挥优良畜禽品种的繁殖力和遗传特性，加速品种改良，扩大优质畜禽品种的数量，为社会大众提供品质优越、价格实惠的畜禽产品，是当今社会的大势所趋。对于畜牧业而言，其根本任务就是增加畜禽的数量，在增加数量的同时，要注重不断提高品种的质量，以满足国民经济发展和人民生活水平逐步提高的需要，增加数量和提高质量均需通过繁殖这一过程来实现。积极研究动物繁殖学是一项意义极其重大的工作,作者特撰写本书，对动物繁殖学展开研究讨论。

全书分为动物生殖生理与动物发情、动物人工授精、动物受精与妊娠、动物分娩与助产等部分。本书条理清晰，内容丰富，重点突出，注重理论性、应用性、实用性、综合性和先进性，读者从中可以了解许多动物繁殖学的知识。

前言

CONTENTS 目录

第一章　动物生殖生理与动物发情

第一节　动物生殖生理

一、雄性动物性机能发育阶段

雄性动物性机能的发育过程，是从发生、发展至衰老的生理过程，主要经历生前、生后的发育，初情期和性成熟等几个阶段。它们是连续的又有一定区别的生理发育阶段，是雄性动物完成交配过程的保证，也是动物一生中的自然生长规律。

雄性性活动属于无条件反射，即为性本能。但其活动会因外界条件的刺激而受到影响。正由于有此本能，可以通过饲养来提高雄性动物性机能。

（一）睾丸下降

在胎儿期，雄性动物的睾丸位于腹腔内，它们出生前或出生后不久，睾丸才由腹腔通过腹股沟管进入位于腹壁的阴囊内，这一过程叫作睾丸下降。公猪的这一过程出现于胚胎期的后 1/4 阶段，牛和羊的在胚胎发育的中期，而马的在出生后才完成。

某些个体出生以后，会出现一侧或双侧睾丸未能降入阴囊，仍滞留于腹腔或腹股沟内，这种现象称为隐睾。动物体内温度高于阴囊内睾丸的温度，会破坏哺乳动物睾丸正常产生精子的环境，使隐睾不能产生精子。单侧滞留者为单隐睾，双侧滞留者为双隐睾。单隐睾动物有一侧睾丸可具备正常的生精机能，但精子的产量和精液中精子的密度会明显降低；双隐睾动物则完全没有生殖能力。隐睾的间质细胞分泌功能不受影响，仍可产生雄激素，维持雄性特征和一定的性欲。对于隐睾公畜，要尽早检查，确诊为隐睾后，应立即淘汰，即使有繁殖能力的单隐睾公畜也不宜留作种用。

（二）初情期前雄性生殖机能的发育

从性分化到初情期发动，睾丸的基本结构，包括精细管索（精细管的初级阶段，呈索状）和间质组织都没有明显的变化。此时，精细管索尚无管腔，其中主要有支持细胞（细胞的前身）和性原细胞。性原细胞位于精细管索的中间部位，增殖比较缓慢。精细管索间的间质细胞在睾丸一经分化，促性腺激素尚未对其行使调节功能之前，就开始了雄激素的分泌。随着间质细胞对促性腺激素敏感性的逐步提高，以及类固醇激素的持续合成，其分泌功能则有赖于促性腺激素的调节。猪的睾酮过渡性分泌大约出现在间质细胞分化的第 55 天，随后下降，直到母体分娩前、胎儿分泌促黄体生成素（LH）时才恢复。出生后 1 个月，由于促性腺激素分泌减少，会出现初生仔畜短时间睾酮的降低。对于牛、羊来说，促性腺激素分泌较早，胎儿睾丸间质细胞在 LH 的作用下迅速分泌睾酮，并一直延续到促性腺功能的退化。

初情期发动时，所有家畜促性腺激素的分泌和间质细胞的分泌活动才能恢复并进一步加强。与此同时，精细管索逐渐出现管腔，多数家畜的性原细胞向管腔的外周迁移，并分化为精原细胞。支持细胞变为足细胞，并存在于公畜整个生殖年龄，其数量对精子的产生具有重要影响；性原细胞以随机方式发育为 A 型精原细胞，并与足细胞共同存在。

胎儿和初生阶段，睾丸的生长是缓慢的，主要是精细管索的延长。直到初情期发动阶段，精原细胞的分化和第一个精子发生系列细胞组合的出现，才使睾丸进入快速生长阶段。当精子发生的能力达到相当的水平后，睾丸的生长速度又趋于缓慢，在几个月（绵羊）或几年（牛）的时间里，主要是继续干细胞数量的增加。从初情发动到初情期后 16 周，精液中直线前进运动精子的比例、精清蛋白的浓度和具有正常形态精子的比例迅速增加，而带有近端原生质滴的精子比例则迅速降低。

（三）初情期、性成熟和适配年龄

从实践的观点来说，公畜初次释放有受精能力的精子，并表现出完整性行为序列的年龄即为公畜的初情期，也可称为公畜的“青春期”。这是促性腺激素活性不断加强，以及性腺能同时产生类固醇激素和精子的能力逐渐调整一致的结果。

1. 初情期

初情期标志着公畜开始具有生殖的能力，但此时其繁殖力是较低的，家畜要持续几周，才能达到正常的繁殖水平，这被称为“青春不育”阶段。初情期也是公畜生殖器官和身体发育最为迅速的生理阶段。根据公畜初情期的以上特点，首先，在生产实践中应在此之前进行公、母畜的分群饲养，防止它们随意交配和生殖；其次，要特别注意青年公畜的营养需求，充分满足其迅速发育对能量、蛋白质及其他营养元素的需要，为公畜的提早利用和生殖机能的充分发挥奠定良好的基础。

在正常饲养管理条件下，引进品种的猪、绵羊和山羊的初情期为 7 月龄，牛为 12 月龄，马为 15 ~ 18 月龄，兔为 3 ~ 4 月龄。国内地方品种相对提早，晚熟品种相应推迟。

按照初情期的定义来估计和确定公畜的初情期，在实践中是比较困难的。目前，常根据不同品种采用体重、睾丸大小和采精后对精液品质的评定来做估测。实际调查表明，初情期与体重的关系比年龄更为密切。奶牛初情期的体重是成年体重的

30%～40%，肉牛则为45%～55%。不同品种的绵羊差异较大，罗姆尼羊为40%，萨福克羊为50%，而苏格兰黑面羊为63%。牛、羊等家畜的睾丸大小与初情期也有较大的关系，但品种间差异较大。有人提出，用测量包括两侧睾丸在内的阴囊周径来估计初情期，这不失为一种简单易行的方法。1980年，澳大利亚学者Galloway认为1岁肉用品种公牛的睾丸周径应达到28～30 cm。通过精液检查来确定公畜初情期的大致标准是：一次射精精子总数不少于5 000万，其中直线前进运动的精子达到10%以上。

初情期受生理环境、光照、父母的年龄、品种、杂种优势、温度、体重、断奶前后的生长速度等因素的影响。营养水平可调节初情期，饲喂超过正常水平可使公畜的初情期早日到来，而饲喂不足、生长缓慢，可推迟初情期。

2. 性成熟

性成熟是继初情期之后，青年公畜的身体和生殖器官进一步发育，生殖机能达到完善，具备正常生育能力的年龄。性成熟是生殖能力达到成熟的标志，对于多数家畜来说，身体的发育尚未达到成熟时，必须再经过一段时间才能完成这一过程。公畜性成熟通常要比母畜晚一些。

3. 适配年龄

适配年龄是根据公畜自身发育的情况和使用目的，人为确定的公畜用于配种的年龄阶段，并非一个特定的生理阶段。

哺乳动物的成熟过程普遍存在这样一种规律：性机能的成熟均早于身体的成熟。性成熟只表明生殖机能达到了正常水平，并非公畜正式用作配种的年龄。在畜牧生产实践中，考虑到公畜自身发育和提高繁殖效率的要求，一般把公畜的适配年龄根据品种、个体发育情况和使用目的，在性成熟年龄的基础上推迟数日（兔）、数月（猪、羊），甚至一年（牛、马）。种畜场应严格掌握这一原则，不宜过早使用；商品场可适度放宽。对于急于了解后裔测定结果的后备公畜，采精或配种的时间可相应提前。

4. 初情期的内分泌调节

动物初情期发动后，由于下丘脑促黄体生成激素释放因子（LH-RH）释放的脉冲幅度和频率的增加，促进了垂体促性腺激素的合成和释放，使外周血液中促性腺激素LH的浓度上升。公羔2～8周龄6 h之内LH-RH的脉冲频率由1增加到5，峰值数增加3倍。公畜由于促性腺激素LH分泌的增强，每小时会有一个脉冲，使睾酮的浓度由原来的低水平达到成年公畜的水平。初情期阶段，睾酮的分泌量增加，并维持一个较高的水平。当外周血液中睾酮水平达到一定的浓度，又会通过负反馈的方式调节下丘脑和垂体的分泌功能，导致促性腺激素水平的降低。这种自上而下调控和自下而上反馈机制的建立和稳定是公畜初情期内分泌的主要变化，这与初情期公畜生殖机能的发育是一致的。

二、雄性动物性行为

性行为是公母两性在接触中一系列的特殊行为表现。两性均有各自独特表现形式的性行为，而且只有两性双方性行为的协调配合，才可能保证实现有效的受胎率和产仔数。雄性动物性行为是决定繁殖过程完成的首要动力之一，它直接关系到动物自然交配和人工授精的成败及效果，因此是动物行为学研究的一个重要内容。

（一）性行为和性行为链

性行为是指初情期后，公畜在与母畜接触中，在激素作用下通过神经刺激（嗅觉、听觉、视觉和触觉等）与母畜发生联系的基础上所表现出来的特殊行为。不仅公畜，母畜也有相应的表现行为，公、母双方协调配合是完成配种的重要保证。

公畜在交配（或采精）过程中所表现出来的完整性行为主要包括求偶、勃起、爬跨、交配、射精及射精结束等步骤。这些步骤是定型的，并严格按一定顺序表现出来，不能前后颠倒，也不能省略或超越，这叫作性行为链，也称性行为序列。公畜正常的性行为序列是顺利完成交配和采精的必要条件。初次参加配种或采精的公畜，有时会出现越过某阶段或次序颠倒等不正常的性行为序列，常见的如，公畜阴茎尚未勃起就已爬跨，或阴茎未插入阴道就已经射精等现象，这些都无法完成交配和采精。猪和马性行为序列表现和未完成交配的时间较长，而牛和羊要短得多。

（二）引起性行为的机理

性行为虽然是两性动物接触出现的本能反应，但性行为却是在神经、激素、感官和外激素等因素的共同作用下发起的，并相互促进、相互协调。

1. 激素

类固醇激素在雌雄双方有许多生物化学的相似性，但因受下丘脑调节中枢控制的不同，其分泌的节律各异。在公牛的睾酮含量测定中发现，虽然该激素每天会出现几次波动，但总的趋势是恒定的，而母牛的雌激素只在发情周期的某几天内出现高峰。某些有严格季节性繁殖的雄性动物，在非繁殖季节，睾丸会出现萎缩、退化或收入腹腔，雄激素的水平极低，动物的性行为表现暂时消失，直到繁殖季节又重新开始。

血液中性腺激素的水平与中枢神经系统的传感和协调作用也是引发公畜性行为的重要条件。当血液中的性腺类固醇激素与中枢神经的感受器结合时，雄激素直接作用并刺激中枢神经系统，使激素信号转为性的冲动。

一般雄性动物分泌激素是有节律性的，如貂、鹿在非繁殖季节极少有雄激素的分泌，所以无性欲。初情期前的公畜会完全丧失性行为是性腺激素引发性行为的例证。

2. 神经系统

性行为的神经机制是天生固有的，是由复杂机制调控的。雄激素一旦与性中枢结合使用，即发生性反应。自主神经系统对公畜的勃起和射精具有支配作用。公畜的勃起和射精分别受脊髓间节的副交感和新鲜感神经的支配。某些动物的电刺激采精就是采用电极直接刺激腰间部的射精中枢实现的。此外，阴茎的特殊解剖结构及其灵敏的神经反应，也对不同的交配形式起着重要作用。

3. 感官刺激

感官引起的性刺激对公畜性行为有引发和促进作用，实际上也是通过神经、激素调节实现的。其中嗅觉、视觉、触觉和听觉是起主要作用的感觉器官，而不同动物利用感官的能力差异很大，异性的吸引力、识别配偶和促使交配的敏感性也不相同。感官能力的丧失和减弱，会影响性行为的发动，特别是对于无交配经验的公畜，其感官伤害能造成的影响要大于有经验的公畜。通常，公畜的某种感官被伤害或丧失，另一种感官会发生代偿性的增强作用。如视觉丧失的公畜，往往嗅觉或触觉的敏觉性会相应增强。

公、母畜身上的气味多由分泌某种挥发性异臭的腺体产生，并在配种季节或母畜的发情期更为明显。这种气味对异性动物的性行为具有很强的刺激作用，通过嗅觉诱使异性发生性行为。

来自异性的听觉刺激，主要是发情母畜的行为、姿态和叫声，都可促发和强化公畜的性行为。在人工授精实践中，有训练的公畜见到假台畜仍可顺利完成采精，而失明的公畜则会失去种用价值，失聪公畜的配种能力也会大大降低。

（三）影响性行为的因素

1. 遗传因素

品种和个体间存在差异。乳用品种的公牛比肉用品种公牛，乘型马比重型马的性行为更为活跃，性反应更为敏捷、迅速。对采精训练的接受程度和对台畜的适应时间也有明显的不同，而孪生兄弟之间的差异则很小。

2. 生理状态

健康无病的公畜，一般都有正常的性行为表现。营养不良、体质衰弱和消瘦、病态、疲劳、配种负荷过重的公畜会出现精力亏损和性抑制。过度肥胖、营养过度的公畜，也会因自体过重难以表现正常的性行为。无性经验的青年公畜，往往慌张犹豫，会出现不完全性行为。

3. 环境因素

季节与气候条件对公畜性行为的影响很大。在母畜发情旺季和配种季节，公畜性行为相对活跃。炎热的夏季，即使身体健壮、性欲强的公畜，其性行为也会受到抑制，其精液品质和采精能力都会显著降低，出现所谓“夏季不孕症”。在温带和热带地区培育的品种，在北方严寒的冬季，其性行为也会受到不同程度的抑制。

4. 管理

异性接触对公畜性行为的发展和表现起着重要作用。初情期前同群饲养，有促进性行为表现的作用，而某些长期隔离饲养的公畜，初次配种时，往往会出现胆怯、犹豫，性行为序列不完整而难以完成交配的现象，需要经过训练才能有完整的性行为序列，完成交配。对于断奶后同性饲养的公畜，并不影响其后的性行为表现。这与幼年期异性或同性间的性行为实践和性经验有关。

对公畜在交配或采精过程中的错误操作和粗暴管理会引起公畜拒绝交配或性行为的缺乏，出现性抑制或阳痿。应及时纠正和调整，防止不良条件反射的建立和巩固。

公畜在交配和采精前的视觉刺激，统称性刺激。性刺激可加强公畜的性行为表现、缩短采精时间、提高射精量、增加精子密度。对于公牛，在采精前应先让其观察其他公牛采精 10 min，再进行采精就可得到理想效果。

（四）交配频率

交配频率指在一定的时间内，公畜与发情母畜交配的次数（或采精次数），也称交配能力。牛、羊的交配频率一般高于猪、马。经长时间休息或季节性配种的家畜，公畜最初在母畜群中，其交配能力在最开始几天可超常发挥。公牛日交配频率可达十几次，公羊可达二十次以上，公猪和公马也可达到 8 ～ 12 次，但持续的时间很短，若不加限制就会影响公畜的繁殖力和母畜的受胎率。因此，在草地放牧条件下要给配种的公畜制订适宜的配种负荷，对采精的公畜要制订严格的采精频率和制度。

三、精子的发生和形态结构

（一）精子发生与精子生成的概念

雄性动物在出生时精细管还没有管腔，在精细管内只有性原细胞和未分化细胞。到一定年龄后，精细管逐渐形成管腔，围绕管腔的精细管上皮有性原细胞和未分化细胞变成的支持细胞。精原细胞是精子发生的起点，精子在睾丸内形成的全过程称为精子发生，包括从精原细胞到精母细胞、精细胞以及精细胞变形成为精子的一系列分化过程。精细胞形成后不再分裂，而在支持细胞的顶端、靠近管腔处经过复杂的形态变化，形成蝌蚪状的精子。精细胞在睾丸精细管内变态形成精子的过程称为精子的形成，精子形成是精子发生的最后阶段。

1. 精细管上皮的细胞结构

精子发生的部位是曲精细管的生精上皮。精细管外层为含有肌样细胞层的固有膜（基膜），内层为精细管上皮。精细管上皮由两种基础细胞组成，即足细胞（又称支持细胞）和不同发育阶段的生殖细胞。紧靠精细管基膜的生殖细胞为精原细胞，经多次分裂产生特殊的细胞（初级和次级精母细胞及精细胞），最终成为精子。随着精子发生的进程，高级别的生殖细胞逐渐移向精细管腔方向。

足细胞是一种外形极不规则的高柱状细胞，其基底部位于曲精细管的基膜上，顶端可达管腔，侧面和管腔面有很多凹窝，凹窝里埋着各级生殖细胞。足细胞的细胞核开始时位于细胞的基底部，随着精子的形成逐渐移向管腔一端，同时变长。细胞质内有丰富的内质网、溶酶体和脂肪滴，有各种形状的致密小体和高尔基体。在顶部细胞质中有纵向排列的微管、微丝和棒状的线粒体。这些细胞器的分布和排列与精子发生过程中更高级别的生殖细胞逐渐移向管腔有密切关系。此外，相邻的足细胞之间形成足细胞—足细胞间隙连接，这种紧密的连接将精细管分隔为两个明显的室——基底室和近腔室。基底室内含精原细胞和前细线期的初级精母细胞；近腔室内含更高级别的精母细胞和精细胞，可与精细管腔自由相通。足细胞对精子发生具有重要的生理功能。

第一，对生殖细胞的营养和支持作用。

第二，自分泌、旁分泌调节作用。足细胞分泌雄激素结合蛋白（ABP）、生长因子等对精子发生起重要的调节作用。

第三，细胞通信作用。相邻足细胞之间的间隙连接，允许一些小分子物质如环磷酸腺苷（cAMP）、离子等通过，使这些细胞的代谢活动趋于一致。足细胞的协调活动对精子发生的同步化十分重要。

第四，精子释放作用。在精子发生晚期的精细胞向着精细管腔移动及已形成的精子释放到管腔的过程中，足细胞起着重要作用。

第五，吞噬作用。在某些情况下，精子发生的某个特定阶段，有些生殖细胞会发生退化，形成的精子释放到管腔后，残余的细胞质仍滞留在足细胞周围。足细胞可通过主动吞噬作用清除这些退化的生殖细胞和残余的细胞质。

第六，构成血—睾屏障。精细管外周的肌样细胞层构成不完全的血—睾屏障，而足细胞间的紧密连接构成主要的血—睾屏障。这种屏障可选择性地允许某些物质通透，而拒绝另一些物质渗透，以保证精子发生所需的微环境。同时该屏障还具有免疫、隔离作用，防止精细胞所含有的某些特殊抗原进入血液循环，避免精子激发产生抗精子抗体。

2. 精子发生的过程

在早期胚胎发育过程中，大量来自外胚层的胚胎细胞进入生殖细胞系，成为原始生殖细胞（PGC），即配子发生的干细胞。在胚胎发育的器官原基形成阶段，原始生殖细胞迁移到尚未分化的性腺原基。PGC 经过几次有丝分裂形成生殖母细胞，或称性原细胞。当胚胎性别分化后，雄性胎儿的性原细胞分化为精原细胞。此后，当雄性动物到了一定年龄，精原细胞在激素作用下开始增殖和分化，进入精子发生的过程。

（1）精原干细胞的增殖和分化

灵长类动物，精原细胞可分为深色A型（Ad型）、浅色A型（Ap型）和B型精原细胞三种类型。Ad型精原细胞有一圆形或椭圆形的细胞核，细胞核内有许多相当细的染色质颗粒，不易被着色。Ad型精原细胞被认为是“储存的干细胞”，一般情况下不分裂，或只分裂为相同的Ad型细胞。在需要产生精子或其他类型精原细胞被有害因素破坏时，Ad型则进行有丝分裂，产生Ad型和Ap型精原细胞。Ad型精原细胞成为储备，Ap型精原细胞则发育为B型精原细胞，所以把Ap型精原细胞称为“更新的干细胞”。

非灵长类动物，精子发生的干细胞是单个的A型精原细胞（As型）。As型精原细胞可自我更新，每个As型精原细胞通过有丝分裂产生2个干细胞。进入精子发生过程时，一部分As型精原细胞分化为配对的A型精原细胞。Apr型精原细胞分裂产生的子细胞通过细胞间桥保持连接，成对存在。Apr型精原细胞进一步发育，分裂成链状排列的A型精原细胞。开始是4个细胞的链，然后出现8个、16个，偶尔有32个细胞的链。从As型精原细胞到Apr型精原细胞是精原细胞发育过程中的第一个分化步骤。第二个分化步骤则是Aal型精原细胞分化成A1型精原细胞，A1型精原细胞再分裂成A2型精原细胞，然后再进行5次分裂，分别成为A3型、A4型、中间型和B型精原细胞及初级精母细胞。精原细胞在发育期间有9 ~ 11次有丝分裂。

（2）精母细胞的减数分裂

B型精原细胞的最后一次有丝分裂形成前细线期的初级精母细胞。刚形成的初级精母细胞经过一段休止期，然后进入生长期，直径逐渐增大，初级精母细胞进入减数分裂Ⅰ。减数分裂Ⅰ包括前期、中期、后期和末期4个时期，其中前期所需时间很长，变化复杂，要经过细线期、偶线期、粗线期、双线期和终变期5个时期。经过减数分裂Ⅰ，同源染色体分开，染色体数减半，每个初级精母细胞分裂成2个单倍体的次级精母细胞。

次级精母细胞的间期很短，它们很快进入减数分裂Ⅱ，姐妹染色单体分开，染色体数目不减少，结果每个次级精母细胞形成2个精子细胞，正常的精子为单倍体。

（二）精子的形成

精母细胞形成后不再分裂，而是在支持细胞的顶端、靠近管腔处经过一系列的分化变化才能最终成为精子。这种分化包括形态和体积的变化、核的变化、细胞质的变化、顶体的形成、线粒体鞘的形成、中心粒的发育和尾部的形成等。

1. 细胞核的变化

精子细胞在变形为精子的过程中，其细胞核体积变小，形状由圆形变为流线型，这有利于精子运动，减少运动时的能量损失。同时，核内染色质高度浓缩、致密化，染色质细丝由细变粗，核蛋白的成分也发生显著变化，由碱性蛋白（鱼精蛋白）取代组蛋白，与 DNA 结合。

2. 细胞质和细胞器的变化

精子形成过程中，在细胞核发生变化的同时，核前端形成顶体，大部分细胞质变得多余而被抛弃，仅留下一薄层细胞质被膜覆盖在顶体和核上。

精子顶体是由高尔基复合体形成的。精子细胞的高尔基复合体由一系列的膜组成，以后产生许多小液泡，它们组成一个集合体。在精子形成的开始阶段，一个或几个液泡扩大，其中出现一个小的致密小体，称为前顶体颗粒。有时也发现数个液泡和数个颗粒，但最终形成一个大的液泡，称为顶体囊。许多前顶体颗粒合并形成一个大的颗粒，称为顶体颗粒，这些颗粒富含糖蛋白，细胞化学显示过碘酸雪夫氏反应（PAS）阳性。

随着前顶体颗粒的不断并入，顶体颗粒不断增大。由于液泡失去液体，以致液泡壁扩展于核的前半部，形成一个双层膜结构，称为顶体帽，内含一个顶体颗粒。以后顶体颗粒中的物质分散到整个顶体帽中，顶体帽发育成熟，成为顶体。剩余的高尔基体迁移到核后部的细胞质中，并逐渐退化，形成高尔基体残留物，在精子形成后与多余的细胞质一起被足细胞清除。

精子细胞的中心体是由两个中心粒组成的。在精子形成的早期，2 个中心粒移向核的正后方，与顶体的位置恰好相对，其中一个中心粒位于核后的凹窝中，称为近端中心粒。近端中心粒的后方是远端中心粒，它与精子的主轴平行，远端中心粒形成精子尾部的轴丝。近端中心粒将来参与受精卵内纺锤体的形成，以促使卵裂。

随着顶体囊的形成，精子细胞的线粒体向质膜下的细胞质皮层迁移，此时的细胞质膜变厚且不规则。以后线粒体向尾部的中段集中，并且延长，体积变小，绕着尾部轴丝形成螺旋状的线粒体鞘。从尾部中段开始，除了轴丝以外，还形成外周致密纤维和螺旋形的纤维鞘，前者起源于顶体形成精子细胞的内质网，后者起源于顶体帽后缘的微管束。

3. 精子的释放

精子细胞埋于足细胞表面凹窝及足细胞与足细胞连接所形成的近腔室中，在足细胞微管、微丝的作用下，随着精子发生的进展，更高级别的生精细胞逐渐移向管腔。精子形成后，精子从足细胞之间被释放到管腔中，这个过程叫作精子的释放。

（三）精细管内精子发生的基本规律

整个精子的发生过程是在睾丸精细管内进行的，各级生精细胞在睾丸精子细管内不是杂乱无章地分布，而是复杂、严格有序的。

1. 精子发生周期

从 A 型精原细胞开始，经过增殖、生长、成熟分裂及变形等阶段最后形成精子的整个过程所需要的时间，称为精子发生周期。不同动物的精子发生周期不同，猪为 44 ~ 45 d；牛为 54 ~ 60 d；绵羊为 49 ~ 50 d,山羊为 60 d；兔为 44 ~ 50 d；马为 50 d；大鼠为 48 d，小鼠为 35 d。精子发生周期有两个特点，即连续性和同步性。

（1）连续性

在一个精子生成序列完成之前，隔一定时间精细管的同一部位连续出现数个新的精子发生序列，而不是先生成一批再发生一批。

（2）同步性

精子生成过程中,除早期的几次精原细胞分裂是完全分裂外,其余的多次分裂均属不完全分裂，细胞间未完全分开而形成胞质桥。胞质桥把来源于同一精原细胞的同族细胞联成一个整体细胞群,同族细胞之间可以通过胞质桥传递信息而同步发育。

2. 精细管上皮周期

在精细管上皮所进行的精子发生序列，即从精原细胞到最后形成精子，是有规律的。由于精原细胞的增殖是从精细管上皮靠近基膜一侧开始的，随着生殖细胞逐渐发育，其位置也逐渐向管腔方向移动。当一群同族细胞发育并向管腔移动时，另一群同族细胞开始进行同步发育，其发育阶段晚于上批同族细胞群，如此一批批同族细胞群依次连续。因此，在精细管的任何一个横断面都可以看见世代叠生的生殖细胞。在某一特定时间，在精细管某一横断面上有一特定的细胞组合，间隔一段时间后，在同一横断面上会再次出现相同的细胞组合，这一时间间隔被称为精细管的上皮周期。每个精子的发生周期往往包含 4 ~ 5 个精细管上皮周期。常见动物的精细管上皮周期一般为：牛 13.5 d；马 12.2 d；猪 8.6 d；绵羊 10.3 d；兔 10.3 d；大鼠 12 d，小鼠 8.6 d。

3. 精细管上皮波

在研究精细管上皮周期的同时，可以观察到另一种现象，即精细管上皮波或精子发生波。从精细管纵切面上看，细胞组合也是有规律地出现，即沿着纵切面每间隔一定距离会观察到相同的细胞组合，这种现象被称为精细管上皮波，也称精子发生波。

四、精子的生理特性

（一）精子的代谢活动

精子为维持其生命和运动，必须利用其自身及精清中的营养物进行复杂的代谢过程。这种代谢主要表现在糖酵解、呼吸以及脂类和蛋白化合物的合成和分解。

1. 糖酵解作用

糖类是维持精子生命力的必要能源，但精子本身含量很少，精子必须依靠精清中的外源基质为原料，通过糖酵解的过程，为精子提供能量来源，维持其活动力和生命。

在有氧或无氧条件下，精子都能利用精清中的葡萄糖、果糖和甘露糖。在无氧条件下，精子进行糖酵解产生丙酮酸或乳酸，最终分解为二氧化碳和水，并释放能量。精子代谢的主要物质是果糖，所以也叫果糖酵解。精子分解果糖的能力与精子密度及活力有关，通过测定“果糖酵解指数”可以评定精液质量。果糖酵解指数是指 10^9 个精子在 37℃条件下 1 h 利用果糖的量。牛、羊的精液果糖酵解指数为 1.74 mg。

2. 呼吸作用

精子的呼吸与糖酵解密切相关，但通过呼吸作用所能获得的能量要比通过糖酵解获得的能量多得多，大约为糖酵解的 24 倍。同时也因此而消耗大量的代谢基质，使得精子在短时间内衰竭死亡。

精子的呼吸主要在尾部进行。在有氧条件下，精子消耗氧进行呼吸，并靠呼吸作用利用代谢基质，如果糖等分解产生乳酸和丙酮酸，最终分解成二氧化碳、水和能量。在这种代谢过程中，精子将大部分的能量转变成三磷酸腺苷（ATP），并贮存于线粒体鞘中。大部分的 ATP 主要用于精子活动的能量消耗，也有部分能量用于维持精子膜的完整性。

精子的呼吸作用受多种因素的影响，如降低温度、隔绝空气及充入二氧化碳等都可抑制呼吸作用，减少能量的消耗，延长精子的存活时间。精子呼吸的耗氧量通常按 10^9 个精子在 37℃条件下 1 h 所消耗的氧量计算。一般活力强的精子耗氧量高，牛、鸡、兔及绵羊精子的耗氧量分别为 21 μL、7 μL、11 μL 及 22 μL。

3. 脂类代谢

在有氧条件下，精子内源性的磷脂可以被氧化，以支持精子的呼吸和生活力。精子也可以利用精清中的磷脂，磷脂氧化分解为脂肪酸，脂肪酸进一步氧化，释放出能量。精子的代谢以糖类代谢为主，当糖类代谢基质耗竭时，脂类的代谢就显得非常重要。脂类代谢产物甘油具有促进精子耗氧和产生乳酸的作用，甘油本身也可被精子氧化代谢。精子也能利用一些低级的脂肪酸，如醋酸。

4. 蛋白质代谢

由于氨基酸氧化酶的脱氨作用，精子能使一部分氨基和氨基酸氧化。精子中蛋白质的分解意味着精子品质已变性。在有氧时，牛的精子能使某些氨基酸氧化成氨和过氧化氢，这对精子有毒性作用，精液腐败时就出现这种变化，所以，正常的精子生活力的维持和运动是不需要从蛋白质成分中获取能量的。

（二）精子的活动力

1. 精子的运动特性

（1）精子的运动动力来源

精子的运动靠的是尾部纵向纤维的收缩所产生的动力游动，使精子具有自行推进的能力。

尾部轴丝外围的 9 条粗纤维的收缩是摆动的主要原动力，内侧较细的纤维配合外侧粗纤维将这种收缩有节律地从颈部开始，沿着尾部的纵长传开。由于尾部的摆动，精子向前游动。精子尾部纤丝收缩所需的能量主要来自精子代谢所产生的 ATP。组织化学证明，在尾部轴丝中有一种能使 ATP 去磷的酶即三磷酸腺苷酶。由于酶的作用，ATP 水解释放出大量的能量，使得尾部轴丝中类似肌动球蛋白物质的分子排列发生改变，从而引起轴丝收缩。

（2）精子的运动形式

在光学显微镜下可以观察到精子有以下一些运动方式。

直线运动：精子在适宜的条件下，以直线前进。在 40℃以内的温度下，温度越高直线前进运动越快。

摆动：精子头部原处左右摆动，没有推进力量。

转圈运动：精子围绕一处做圆周运动，不能直线向前行进。

精子的以上运动方式，只有直线运动才是正常的运动方式。当精子在前进运动时，由尾部的弯曲传出有节奏的横波，这些横波自精子的头端或中段开始向后达到尾端，横波对精子周围的液体产生压力，使精子向前游动。

（3）运动的趋向性

精子在液体状态或雌性动物的生殖道内有其独特的运动形式。

向流性：在流动的液体中，精子表现出向逆流方向游动，并随液体流速运动加快。在雌性生殖道管腔中的精子，能沿管壁逆流而上。

向触性：在精液或稀释液中有异物存在时，如上皮细胞、空气泡、卵黄球等，精子有向异物边缘运动的趋向，其头部盯住异物做摆动运动。

向化性：精子有趋向某些化学物质的特性，在雌性生殖道内的卵细胞可能分泌某些化学物质，能吸引精子向其方向运动。

运动速度：哺乳动物的精子在 37 ~ 38℃的条件下运动速度快，温度低于 10℃就基本停止活动。精子运动的速度因动物种类而有差异，山羊、绵羊和鸡的精子密度大，应适当稀释后观察。通过显微摄影装置连续摄影分析，牛精子的运动速度为 97 ~ 113 μm/s，尾部颤动 20 次左右，马和绵羊分别为 75 ~ 100 μm/s 和 200 ~ 250 μm/s。

2. 精子的凝集性

凝集反应一般是血清学或免疫学上的现象。精子在溶液内失去活力，多数情况下是精子发生凝集。引起精子凝集的原因，其一是理化凝集；其二是免疫学凝集。

（1）精子的理化凝集

精子的理化凝集可能因简单的稀释、精子的洗涤、冷休克、pH、渗透压的变化、金属盐类处理及某些有机化合物的杀精作用所致。精子发生凝集时通常是头对头或尾对尾凝集在一起，造成精子的异常，使精液品质下降。

（2）精子的免疫学凝集

精子具有抗原性，可诱导机体产生抗精子抗体，在有补体存在的情况下，这种抗精子抗体可抑制精子运动而使精子发生凝集。另外精清也具有抗原性，精液稀释液中的卵黄也是一种抗原。

（三）外界条件对精子存活的影响

很多因素能影响精子而使精液发生质的变化，特别是精液射出体外后，精子生活环境的改变，各种理化因素能直接影响精子的代谢和生活力。一般而论，某些因素能刺激精子，促进其活动力和代谢增强，但其生存时间或寿命会缩短；反之，某些因素有抑制精子的作用，从而延长其存活时间。对精子代谢和活动力的抑制有一定的限度，超过其范围势必危害精子的生活力。

1. 温度的影响

精子维持正常代谢和运动的温度是 38℃左右。精子在体外生存，一般较适应于低温的环境。在低温时精子的代谢活动受到抑制，当温度恢复时，仍能保持活动力，继续进行代谢，这正是精液冷冻和低温保存的主要理论依据。在低温下保存精液时，须对精液进行防冷、防冻处理和缓慢降温，使精子逐渐适应低温的环境。反之，如果急剧地将新鲜精液由 30℃以上降温至 10℃以下时，精子会因遭受冷打击而不可逆地丧失生活力，这种现象称为冷休克。

精子对高温的耐受能力较差，体外保存时应避免高温。高温下的精子代谢和活动力增强，消耗能量很快，能在短时间内导致死亡。公羊对高温特别敏感，公羊处于高温环境中（如 36℃以上），易使精液中的精子数稀少，而且大多死亡或变性，其他动物也有类似的结果。一般动物的精子能耐受的最高温度约为 45℃，驴的精子可暂时耐受48℃的高温而不死亡，但其他动物的精子到48℃时，经过一个极短促的热僵直现象后便发生死亡。

2. 光照和辐射的影响

日光对精液短时间的照射能刺激精子的氧摄取量和活动力，但毕竟是有害的，尤其是直射日光。日光中的红外线能直接使精液温度升高，而紫外线对精子的影响决定于它的剂量和强度。试验证明，波长366 nm的紫外线比波长254 nm的紫外线更能抑制精子的活动力，而波长440 nm的光所产生的影响最大。荧光灯的光照虽不及日光对精子的损害大，但将其在白色荧光灯下和在暗处保存牛的精液做比较，结果死精子随光照强度增高而大为增加，而精子活动力和代谢率则降低，这是因为荧光灯是利用紫外线的荧光作用所制成的，所以在实验室里常见到的日光灯，对精子也有不良的影响。

包括X射线在内的辐射，都对细胞染色质有着严重的伤害性，但也决定于试验所用的剂量。各种精子经低剂量γ射线的辐射处理，对精子生理虽看不出有不良影响，但对受精力乃至胚胎发育仍有损害。用放射性元素钴60处理精子的试验也有类似的结果。

3.pH 的影响

精子适宜的pH范围，牛为6.9 ~ 7.0，绵羊为7.2 ~ 7.5，猪为7.2 ~ 7.5，家兔为6.8，鸡为7.3。精液的pH可因精子的代谢和其他因素的影响而有所变化。当精液的pH降低时，精子的代谢和活动力都减弱；反之，因pH偏高，精子代谢和呼吸增强，运动活泼，以致容易耗费能量，存活时间不长。因此，保存精液以pH偏低更有利。例如牛的精子在pH为5.65时，耗氧等代谢虽降低，但尚能进行。为使精液能在室温环境保存多日，精液可用CO_2进行饱和，或使pH降到6.35，这相当于使精子处于附睾内状态，这与低温抑制其活动相似。

4. 渗透压的影响

渗透压对精子的影响与pH有相等的重要性，二者的相互关系尤为密切。精子适宜在等渗的环境中生存，如果精清部分的盐类浓度较高，渗透压必高，易使精子本身的水分脱出，出现皱缩；反之，低渗透压易使精子膨胀。精子对不同的渗透压有逐渐适应的性能，这是通过细胞膜使精子内外的渗透压缓缓趋于相等的结果。这种调节有一定的限度，并且和液体中的电解质有很大关系。

5. 电解质的影响

细胞膜对电解质的通透性比非电解质的弱，所以电解质对渗透压的破坏性大，而且在一定浓度时能刺激并损害精子。在电解质和非电解质的比率较小的稀释液中，精子可维持较长的存活时间。含有一定量的电解质对精子的正常刺激和代谢是必要的，因它能在精液中起到缓冲的作用。特别是一些弱酸性的盐类，如碳酸盐、柠檬酸盐、乳酸盐及磷酸盐等溶液，具有较好的缓冲性能，对维持精液相对稳定的pH是必要的。

任何电解质的作用决定于电解所产生的阴阳离子及其浓度，对精子的影响因不同种动物的敏感性而有差异。一般而言，阴离子对精子的损害力大于阳离子，主要是由于阴离子能除去精子表面的脂类，易使精子凝集。这些离子对精子的影响主要是对精子的代谢和活动能力所起的刺激或抑制作用。

6. 精液的稀释和浓缩

经过适当的稀释液稀释以降低精子密度，其耗氧率必增加，糖酵解也受到影响，但需要看稀释液中的缓冲剂能否使精子内外的pH和渗透压趋于平衡，是否含有可逆的酸抑制成分和防止能量消耗的其他因素。由于稀释倍数的增加而引起精子代谢和活动力的增进，可视为精液中有些抑制代谢的物质被冲淡。任何稀释液用到过度的稀释倍数，精子的活力和受精力必定大为降低。每种稀释液应有适当的稀释倍数和范围，特别是含有单纯或多种电解质的稀释液，其不良影响更严重，不能作高倍稀释。

与精液的稀释扩大容量相反，马和猪的精液可弃去一部分精清，尤其是其中的胶质块，或再经浓缩处理，虽不加稀释液仍能使精子的生活力保持较久或比原精液适当地延长。供冷冻的精液都采用浓缩精液或取其富含精子的部分，以缩小受精量。马的浓缩精液每毫升可含精子数7亿，在解冻后有较长的存活时间。

7. 气相

氧对精子的呼吸是必不可少的。精子在有氧的环境中，能量的消耗增加，CO_2的积累能抑制精子的活动。在100% CO_2的气相条件下，精子的直线运动停止。若用氮或氧代替CO_2，精子的运动可以得到恢复。另外，25%以上的CO_2可抑制牛、山羊和猪精子的呼吸和分解糖的能力。

8. 常用药品的影响

向精液或稀释液中加抗生素、磺胺类药物，能抑制精液中病原微生物的繁殖，从而延长精子的存活时间。在稀释液中加入甘油后冷冻精液，对精子具有防冻保护作用，可以提高精子的复苏率。精子的有氧代谢还受激素的影响。胰岛素能促进糖酵解，甲状腺素能促进牛精子氧的消耗、果糖及葡萄糖的分解，睾酮、雌烯二酮、孕酮等能抑制绵羊精子的呼吸，在有氧条件下能促进糖酵解。

一切消毒药品均会杀死精子。吸烟所产生的烟雾，对精子有很强的毒害作用。在精液处理场所，应严加防范。

五、精液生理

（一）精液的组成

精液由精子和精清两部分组成，即精子悬浮于液态或半胶状液体样的精清中。副性腺分泌物为精清的主要组成成分，它使精液具有一定的容量，是精子在雌性生殖道内的运载工具，有利于精子受精。

1. 精液的化学组成

精液是精子和副性腺分泌物的混合物，其化学成分是精子和精清化学成分的总和。各种动物精液中化学成分基本相似，但化学成分的种类或数量略有差异。

（1）脱氧核糖核酸

脱氧核糖核酸（DNA）是构成精子头部核蛋白的主要成分，几乎全部存在于核内，它是雄性动物遗传信息的携带者。DNA 的含量通常以 1 亿精子所含的质量表示，以毫克计算。牛为 2.8 ~ 3.9 mg，绵羊为 2.7 ~ 3.2 mg，猪为 2.5 ~ 2.7 mg，家兔为 3.1 ~ 3.5 mg。

（2）蛋白质

精液中的蛋白质主要存在于精子上，包括核蛋白质、顶体复合蛋白质、尾部收缩性蛋白质以及精清中的少量蛋白质。

核蛋白质：在精子头部的核中与 DNA 结合构成碱性核蛋白，已知的有组蛋白、精蛋白等。

顶体复合蛋白质：在顶体内有磷脂质与糖蛋白质的结合物和含糖蛋白质。在糖蛋白质中主要由谷氨酰胺酸等 18 种氨基酸和甘露糖、半乳糖、岩藻糖、葡萄糖、唾液酸等 6 种糖组成。从牛、羊精子顶体中提取的含脂糖蛋白具有蛋白分解酶及透明质酸酶的活性，能溶解家兔卵子的放射冠，对透明带也有作用，所以认为它在受精时起着帮助精子侵入卵子的作用。

尾部收缩性蛋白质：在精子的尾部存在有使精子尾部运动收缩的蛋白质，称为肌动球蛋白。

精清中的蛋白质：在精清中含有各种酶，以蛋白质的形式存在，主要来源于副性腺分泌物。除此之外，还有在精子老化过程中从精子移入精液中的透明质酸酶和细胞色素等，特别是细胞质滴中的蛋白酶更易从精子中渗出。精液射出后，其中的蛋白质变化很快，非蛋白氮及氨基酸增加，最后形成游离氨。

（3）酶

在精液中有多种酶，这些酶与精子的活动、代谢及受精有密切的关系。精液中的酶大致可分为以下三类。

水解酶：此类酶有脱氧核糖核酸酶、透明质酸酶、磷酸酶、糖苷酶、淀粉酶等。

氧化还原酶：有乳酸脱氢酶、过氧化氢酶、细胞色素等。

转氨酶：有谷草转氨酶、谷丙转氨酶、甘油激酶等。

（4）氨基酸

在精液中有 10 多种游离氨基酸。精液中的氨基酸影响精子的生存时间。精子在有氧代谢时能利用精液中的氨基酸作为基质合成蛋白质。

（5）脂质

精液中的脂类物质主要是磷脂，在精子中大量存在，大多以脂蛋白和磷脂的结合态而存在。前列腺是精清中磷脂的主要来源，其中的卵磷脂有助于延长精子的存活时间，对精子的抗冻保护作用比缩醛磷脂更强。

精液的脂质组成因动物种类而有差异。牛和猪精子中脂质占全干重的 12%，其中磷脂和游离脂肪分别占 73% 和 74.70%。精清中脂质的含量比精子中少，牛精清中脂质总量占全干重的 1.35%，猪的只占 0.23%，而且大多数是磷脂质。

（6）糖类

糖是精液中的重要成分，是精子活动的重要能量来源。精子只含有极少量的中性糖以及与蛋白质结合的糖蛋白，并进一步构成脂糖蛋白，它具有透明质酸酶的活性，只限于顶体内。精液中主要有果糖、葡萄糖、山梨醇、肌醇、唾液酸及多糖类等。

果糖：指精囊腺分泌的六碳糖，猪、马精液中含量少，牛、羊精液中含量较多。同一个体因季节、年龄、营养等因素也会产生变化。果糖是精子的主要能源物质。

葡萄糖：精子能利用葡萄糖，但猪、羊精液中不含葡萄糖。

山梨醇：主要由精囊腺分泌。山梨醇能氧化成果糖，同时果糖能还原成山梨醇，所以精液中果糖含量高的，山梨醇含量也高。

肌醇：指精囊腺分泌的多价醇，猪精液中含量特别多。它和柠檬酸的功用有相似的方面，即都不能被精子利用。研究分析发现，它对维持渗透压有一定作用。

多糖类及唾液酸：精液中的多糖类在精子的顶体和精清中存在，多糖类与蛋白质和脂质结合成为顶体的主要成分。精液中还有唾液酸，但其作用到目前为止还不太清楚。

（7）有机酸

哺乳动物精液中含有多种有机酸及有关物质，主要有柠檬酸、抗坏血酸、乳酸。此外，还有少量的甲酸、草酸、苹果酸、琥珀酸等。精液中还有前列腺素，它是一种不饱和脂肪酸，在雌性生殖道内有刺激子宫肌收缩的作用。

（8）无机成分

精液中的无机离子主要有 Na^+、K^+、Mg^{2+}、Ca^{2+}、Cl^-、PO_4^{3-}，阳离子以 K^+ 和 Na^+ 为主。精子内 K^+ 的浓度比精清的高，精清中 Ca^{2+} 和 Na^+ 的浓度比精子中的高。在睾

丸网液、附睾各段分泌物和射出精液中，其浓度也有差异。用含或不含 K^+ 的溶液反复冲洗牛或其他家畜的精子，可以证明，在含 K^+ 的溶液中，精子的活力高，但 K^+、Na^+ 浓度过高会大大降低其活力；在不含 K^+ 的溶液中，精子很快不能活动。Na^+ 常和柠檬酸结合，这与精液渗透压的维持有关。精液中的阴离子以 Cl^- 和 PO_4^{3-} 较多，尚有少量的 HCO_3^-，这些阴离子有助于维持精子存在环境的 pH，具有缓冲作用。磷在精液中的含量很不稳定，但对精子的代谢具有重要作用。

（9）维生素

精液中维生素的含量和种类与喂养饲料有关。常见的有核黄素、抗坏血酸和烟酸等。这些维生素的存在有利于提高精子的活力和密度。

2. 精清的来源及化学组成

精清是由睾丸液、附睾液、副性腺分泌物组成的混合液体，由于来源不同，成分各异，因而对精子的影响也有不同。它们共同的特点是具有润滑雄性生殖道、为精子提供营养和保护的作用，也是运送精子的载体。

（1）睾丸液

睾丸液是伴随精子最早的液体成分。尽管睾丸液分泌量很大，但射出的精液中睾丸液所占的成分却很少，这是因为附睾有很强的浓缩能力。

睾丸液由足细胞分泌。足细胞可以从精细管周围组织中主动运送液体到精细管腔。由于血—睾屏障，睾丸液的成分不同于流向睾丸的血液和淋巴液。正常的睾丸液不含葡萄糖，而含大量肌醇。肌醇被附睾吸收后与磷脂结合可成为精子的一种能源。

睾丸液的总蛋白含量少于血浆，性质亦不相同。绵羊睾丸液的蛋白质或多肽部分包括：①由足细胞所产生的雄激素载体蛋白（ABP），与雄激素运送至附睾有关。②抑制素，如能被附睾头吸收，则抑制垂体前叶产生促卵泡激素（FSH），以调节精子发生。③精子顶体蛋白的多肽抑制剂，可使从顶体中渗出的任何蛋白酶失去活性。

睾丸液中的氨基酸如谷氨酸、丙氨酸、甘氨酸、天冬氨酸，可能是在精细管中合成，因为在绵羊和猪睾丸液中这些氨基酸的浓度比血浆中的还高，而这些氨基酸没有被精子利用。天冬氨酸、甘氨酸及谷氨酰胺参与嘌呤和嘧啶的合成，并且这些氨基酸在睾丸液中所保持的高浓度，对在精细管内合成核酸特别有利。

绵羊、牛及猪的睾丸液中睾酮、脱氢表雄酮、二氢睾酮以及雌激素的浓度跟外周血浆一样高。间质细胞分泌类固醇，精细管显然容易受到睾酮的影响。睾酮部分用于维持精子的发生，或者在附睾中直接影响精子。

（2）附睾液

附睾液在精子成熟和贮存中起重要作用。附睾的前半部分有强烈的吸收水分作用，而本身的分泌量又很小，所以精子在附睾尾部的浓度非常大。

甘油磷酰胆碱和肉毒碱是附睾液中浓度很高的成分，这两种成分均受激素的控制，对精子成熟起重要作用。

附睾液中的糖蛋白不但有润滑剂的作用，而且与唾液酸一起改变精子表面的活性结构。附睾液中的乳酸浓度很高，果糖、葡萄糖和乙酸盐很少。

（3）前列腺分泌物

前列腺的分泌形式是顶浆分泌，即部分细胞质随分泌物被分泌排出，这种类型分泌出的前列腺液含有丰富的酶，如酵解酶、核酸酶、核苷酸酶及溶酶体酶（包括蛋白酶、磷酸酯酶、糖苷酶）等。

（4）精囊腺分泌物

与前列腺分泌物比较，精囊腺分泌物常呈碱性，含干物质较多，并有较多的钾、碳酸氢盐、酸性可溶性的磷酸盐和蛋白质。精囊腺分泌物的一个特点是具有含量很高的还原物质，包括糖和抗坏血酸。正常的精囊腺分泌物常呈淡黄色，但有时（如公牛）由于核黄素存在而颜色加深。在紫外线下精囊腺分泌物和精清呈强烈的荧光。

很多动物（如牛、绵羊、山羊和猪）精液中的大量糖由精囊腺所分泌，果糖的化学测定可以作为一种指示剂，表示精囊腺供应给精液的相应部分。精液除有大量果糖外，某些动物还含有较少量的葡萄糖和山梨醇。

在牛、猪和马中，柠檬酸和果糖虽有程度上的不同，但均由精囊腺产生。猪的精囊腺分泌物是以山梨醇含量甚高为特征（2%～3%），分泌物中还有麦硫因。虽然前列腺素（PG）是因来源于前列腺而得名，但绵羊精清中的大量前列腺素来自精囊腺。

（5）尿道球腺和输精管壶腹

公猪的尿道球腺非常大，几乎呈圆柱状，充满黏滞胶状乳白色分泌物，它是射出精液中形成胶质的必需成分。公牛爬跨前，从包皮“流滴”出来的液体就是尿道球腺的分泌物，其功能是冲洗尿道。狗无此腺体。

某些动物的输精管末段管壁中有腺体，使管壁变厚形成输精管的壶腹。有些动物（如牛）在求偶和交配前，由于输精管的蠕动，将精子从附睾尾输送到壶腹。公猪缺少壶腹，而公马的壶腹非常发达，并且分泌麦硫因。公马壶腹腺不分泌果糖，而其他动物（如公牛）的壶腹分泌果糖。

（二）精液的物化特性

精液的外观、气味、精液量、精子密度、密度、渗透压及精液 pH 等为精液的一般理化性状。

1. 外观性状

精液的外观因动物种类、个体、饲料的性质等而有差异，一般为不透明的灰白色或乳白色，精子密度大的浑浊度大，黏度及白色度强。

绵羊和山羊的精子密度大，因此浓稠。牛的精液一般为乳白色或灰白色，密度越大，乳白色越深；密度越小，颜色越淡。有少数牛的精液呈淡黄色，这与所用的饲料及公牛的遗传性有关。马的精液中含有较多的黏稠胶状物，颜色为乳白色半透明，黏性强。猪的精液中含有淀粉状的固态胶状物，白色或灰白色半透明，能凝固，富有黏滞性。如果精液的色泽异常，表明生殖器官可能发生病变。例如，精液呈淡绿色是混有脓液，呈淡红色是混有血液，呈黄色是混有尿液等。出现诸如此类色泽的精液，应及时寻找造成精液色泽异常的原因。

牛、羊精液量少，密度大，刚采出的精液呈现云雾状，这是精子强烈运动的结果。马、猪的精子密度小，浑浊度也较低，云雾状不显著。猪的浓精液，其云雾状与牛、羊相似。精液浑浊度越大，云雾状越显著，越呈乳白色，表现精子密度和活率也越高，是精液质量良好的表现。

2. 精液量

由于动物种类不同，生殖器官特别是副性腺的形态和构造各异，射精量差异较大。牛、羊、鸡等动物射精量少，而猪、马等动物射精量多。就同一品种或同一个体而言，精液量也会因遗传、营养、气候、采精频率等不同而有所差异。

3. 精子密度

精子密度又称精子浓度，是指每毫升精液中所含的精子数。精液量多的动物每毫升所含的精子数少，精液量少的动物每毫升所含的精子数多。动物的精子密度因年龄、种类等不同而有差异（见表 1–1）。

表 1–1　部分动物的精液量、精子密度及一次射出全精子数

动物种类	精液量 /mL		精子密度 /（亿 · mL^{-1}）		一次射出全精子数 / 亿	
	正常范围	平均	正常范围	平均	正常范围	平均
牛	3 ~ 10	5	8 ~ 15	10	30 ~ 60	50
水牛	3 ~ 6	4	2.3 ~ 20	9.8	20 ~ 50	40
马	50 ~ 200	80	0.5 ~ 2	1.2	40 ~ 200	100
猪	150 ~ 500	250	0.5 ~ 3	2	100 ~ 1 000	400
绵羊	0.5 ~ 2.0	1.0	20 ~ 50	30	20 ~ 50	30
山羊	0.5 ~ 2.0	1.0	10 ~ 35	20	10 ~ 35	20
狗	2 ~ 20	8	0.5 ~ 5	1.2	1 ~ 20	10
兔	0.4 ~ 20	0.8	1 ~ 15	6	2 ~ 15	7
鸡	0.2 ~ 1.5	0.7	20 ~ 50	35	10 ~ 40	25

4. pH

决定精液 pH 的主要是副性腺分泌物，各种动物精液的 pH 都有一定的范围。新采出的牛、羊精液偏酸性，而猪、马的偏碱性。精子密度大和果糖含量高的精液，因糖酵解使乳酸累积，会使 pH 下降。精子生存的最低 pH 为 5.5，最高为 10，pH 超过正常范围对精子有影响。绵羊精液的 pH 在 6.8 左右时受胎率高，pH 超过 8.2 就没有受胎能力。

5. 渗透压

精液的渗透压以冰点下降度“Δ”表示，它的正常范围为 –0.65 ~ –0.55℃。由于 Δ=1.86℃相当于 22.4 个大气压，一般精液的 $\Delta \approx$ –0.60℃，亦相当于 7 ~ 8 个大气压（37℃下）。由此可见，精液并不是在 0℃时才结冰的。

渗透压也可以用渗压克分子浓度表示（简称 Osm）。1 L 水中含有 10 Osm 溶质的溶液能使水的冰点下降 1.86℃。如果精液的 Δ=–0.61℃，则它所含的溶质总浓度为 0.61/1.86=0.328（Osm）表示。

6. 密度

精液的密度决定于精子的密度。精子密度大的，精液的密度大；精子密度小的，精液的密度小。若将采出的精液放置一段时间，精子及某些化学物质就会沉降在下面，这说明精液的密度比水大。

7. 黏度

精液的黏度[①]与精子密度有关，同时黏度还与精清中所含的黏蛋白唾液酸的多少有关。例如，每微升牛精液有精子 8 万个时，其黏度是 1.76 cP，有精子 226 万个时黏度增加到 10.52 cP。

部分动物精液的正常理化学特性见表 1–2。

表 1–2　部分动物精液的正常理化特性

动物种类	pH	冰点下降度 /℃	相对密度	黏度 /cP
牛	6.7（6.4 ~ 7.4）	–0.61（–0.73 ~ –0.54）	1.034（1.051 ~ 1.053）	4.1（2.2 ~ 6.0）
马	7.6（7.3 ~ 7.9）	–0.60（–0.62 ~ –0.58）	1.014（1.011 ~ 1.019）	1.9（1.4 ~ 3.2）
山羊	6.8（6.4 ~ 7.1）	–0.64（–0.70 ~ –0.55）	1.030	4.5 ~ 5.0
猪	7.5（7.3 ~ 7.9）	–0.62（–0.63 ~ –0.59）	1.016（1.088 ~ 1.025）	2.7（1.4 ~ 5.4）

8. 导电性

精液中含有各种盐类或离子，如果其含量较大，精液的导电性也就较强，因此可利用精液导电性的高低测定其所含电解质的多少及其性质。绵羊精液的导电性最

① 黏度：黏度以蒸馏水在 20℃作为一个单位标准，用厘泊（cP）表示。

低，牛次之，马和猪最高。

9. 光学特性

因精液中有精子和各种化学物质，对光线的吸收和透过性不同，精子密度大的透光性就差，精子密度小透光性就好；因此，可利用这一光学特性，采用分光光度计进行光电比色，测定精液中的精子密度。

第二节　动物发情与发情鉴定

一、雌性动物性机能发育

雌性动物性机能的发育不仅仅是生殖器官的变化，而且是神经系统、内外环境、下丘脑、垂体和性腺等多方面相互作用的结果。性机能的发育过程一般分为初情期、性成熟期、体成熟期及繁殖机能停止期。

（一）初情期

初情期是指雌性动物初次发情和排卵的时期，此时配种便有受精的可能性。到达初情期的动物虽有发情表现，但不完全，发情周期也往往不正常，其生殖器官仍在继续生长发育中。影响初情期早晚的因素较多，主要有以下几个方面。

1. 品种

一般说来，个体小的品种，其初情期较个体大的早。例如在奶牛中，娟姗牛平均初情期为 8 月龄，荷斯坦牛为 11 月龄，爱尔夏牛为 13 月龄。国内的地方品种（如太湖猪、湖羊等），其初情期一般较国外的品种早。

2. 气候

温度、湿度和光照等气候因素对初情期也有很大影响。与北方相比，南方地区气候湿热，光照时间长，各种动物的初情期较早。同样，热带地区的动物，其初情期较寒带和温带的早。

3. 营养水平

动物在高营养水平条件下饲养，生长发育较快，达到初情期体重所需时间较短，所以初情期较早。相反，在营养水平较低的情况下，动物生长发育缓慢，达到初情期体重所需的时间较长，初情期则较晚。但是，如果营养水平过高，动物饲养过肥，虽然体重增长很快，初情期反而会延迟。

4. 出生季节

出生季节对初情期的影响主要与气候因素和营养水平有关。季节性发情的动物，其初情期受出生季节的影响较大。在适宜季节出生时，由于气候适宜，饲草、饲料丰富，生长速度较快，所以初情期较早。相反，如果气候因素及环境条件恶劣，饲草和饲料资源短缺，会影响动物正常的生长发育，导致初情期推迟。

（二）性成熟期

初情期后，随着年龄的增长，生殖器官进一步生长发育成熟，发情排卵活动已趋正常，具备了正常繁殖后代的能力，此时称为性成熟。性成熟后，母畜具有正常的周期性发情和协调的生殖内分泌调节能力，但此时身体的发育还不够完全，对种畜一般不宜配种。

（三）体成熟期

性成熟后再经过一段时间的发育，动物各器官、组织发育基本完成，并且具有本品种固有的外貌特征，当母畜体重达到成年体重的70%时，可以进行配种，此时称为初配适龄。初配适龄在生产中具有重要的指导意义，配种时间过早、过晚对生产都不利，具体时间应根据个体生长发育情况和使用目的进行综合判定。雌性动物在初配适龄后配种受胎，身体仍未发育成熟，只有在产下 2 ~ 3 胎以后，经过发育，才能达到成年体重，称为体成熟。

（四）繁殖机能停止期

雌性动物经过多年的繁殖活动，生殖器官逐渐老化，繁殖机能逐渐下降，甚至丧失繁殖能力。在畜牧业生产中，一般在动物繁殖机能停止之前，只要生产效益明显下降，就会对动物进行淘汰。如奶牛繁殖机能停止的年龄可达 15 岁以上，但在 11 岁左右其泌乳量明显下降，应及时淘汰。

二、发情机理

雌性动物生长发育到一定年龄，在垂体促性腺激素的作用下，卵巢上的卵泡发育并分泌雌激素，引起生殖器官和性行为的一系列变化，并产生性欲，这种生理状态称为雌性动物的发情。发情到一定阶段时，卵泡发育成熟、卵泡膜破裂而排卵。

（一）发情与发情周期

1. 发情

动物正常的发情具有明显的性欲，以及生殖器官的形态与机能的内部变化。卵巢中卵泡的生长发育、成熟和雌激素产生是发情的本质，而外部生殖器官变化和性行为变化是发情的外部现象。正常的发情主要有 3 方面的变化，即卵巢变化、行为变化和生殖道变化。

（1）卵巢变化

雌性动物发情开始之前，卵巢卵泡已开始生长，至发情前 2 ~ 3 d 卵泡发育迅速，卵泡内膜增厚，至发情时卵泡已发育成熟，卵泡液分泌增多，此时，卵泡壁变薄而表面突出。在激素的作用下，促使卵泡壁破裂，致使卵子被挤压而排出，而后在排卵的凹陷处形成黄体。

（2）行为变化

由于雌性动物卵泡发育分泌的雌激素量不断增多，并且在少量孕酮作用下，雌性动物常表现兴奋不安，食欲减退，对外界的变化刺激十分敏感，常为鸣叫、举尾弓背、频频排尿。母畜发情时有求偶行为，在运动场或放牧地爬跨其他母畜或接受其他母畜的爬跨等。

（3）生殖道变化

雌性动物发情时，卵泡迅速发育、成熟，雌激素分泌量增多，强烈地刺激生殖道，使血流量增加，外阴部出现充血、肿胀、松软、阴蒂充血且有勃起；阴道黏膜充血、潮红；子宫和输卵管平滑肌的蠕动加强，子宫颈松弛，子宫黏膜上皮细胞和子宫颈黏膜上皮杯状细胞增生，腺体增大，分泌机能增强，有黏液分泌。

2. 发情周期

雌性动物在初情期以后，卵巢上出现周期性的卵泡发育和排卵，并伴随着生殖器官及整个有机体发生一系列周期性生理变化，这种变化周而复始（非发情季节和怀孕期除外），直到性机能停止活动的年龄为止。

发情周期的计算，一般是从一次发情开始到下一次发情开始所间隔的时间，或从一次排卵到下一次排卵所间隔的时间为一个发情周期。各种动物发情周期的时间因动物种类、品种、个体而有差异。牛、猪、山羊、马的发情周期平均为 21 d，绵羊为 16 ~ 17 d，兔为 8 ~ 15 d。

（1）分期

在动物发情周期中，根据机体所发生的一系列生理变化，可分为几个阶段，一般多采用四期分法或二期分法来划分发情周期阶段。

四期分法是根据动物的性欲表现及生殖器官变化，将发情周期分为四个阶段。①发情前期。发情前期是卵泡发育的准备时期。此期的特征是：上一个发情周期所形成的黄体进一步萎缩退化，卵巢上开始有新的卵泡生长发育；雌激素分泌开始增多，使整个生殖道血管供应量开始增加，引起毛细血管扩张伸展，渗透性逐渐增强，阴道和阴门黏膜有轻度充血、肿胀；子宫颈略为松弛，子宫腺体略有生长，腺体分泌活动逐渐增加，分泌少量稀薄黏液，阴道黏膜上皮细胞增生。此期动物无性欲表现。②发情期。发情期是雌性动物表现明显发情征状的时期。此期主要特征是：精神兴奋、食欲下降，愿意接近雄性动物；卵巢上的卵泡迅速发育，体积增大，雌激素分泌增多，逐渐增加到最高水平，孕激素降到最低水平；雌激素强烈刺激生殖道，使阴道及阴门黏膜充血肿胀明显；子宫黏膜显著增生，子宫颈充血，子宫颈口开张，子宫肌层蠕动加强，腺体分泌增多，有大量透明稀薄的黏液排出。多数动物在发情期的末期排卵。③发情后期。发情后期是发情征状逐渐消失的时期。此期特征是：动物由性欲激动逐渐转为安静状态，卵泡破裂，排卵后雌激素分泌显著减少，黄体开始形成并分泌孕酮作用于生殖道，使充血肿胀逐渐消退；子宫肌层蠕动逐渐减弱，腺体活动减少，黏液量少而稠，子宫颈管逐渐封闭，子宫内膜逐渐增厚，阴道黏膜增生的上皮细胞脱落。④间情期。又称休情期，是黄体活动的时期。此期特征是：雌性动物性欲已完全停止，精神状态恢复正常。间情期的前期，黄体继续发育增大，分泌大量孕酮作用于子宫，使子宫黏膜增厚，子宫腺体高度发育增生，大而弯曲，分支多，分泌作用增强；如果卵子受精，这一阶段将延续下去，动物不再发情。如未孕则进入间情期后期，增厚的子宫内膜回缩，腺体缩小，腺体分泌活动停止，周期黄体也开始退化萎缩，卵巢中又有新的卵泡开始发育，随即进入到下一个发情周期的发情前期。

二期分法是根据卵巢上有无卵泡发育和黄体存在为依据，将发情周期分为两个阶段：①卵泡期，是指从黄体萎缩退化，卵巢上卵泡开始发育直到排卵为止。卵泡期主要包括发情前期和发情期两个阶段。②黄体期，是指从卵泡破裂排卵后形成黄体，直到黄体萎缩退化为止。黄体期相当于发情后期和间情期两个阶段。

（2）发情周期的调节

雌性动物的发情周期，实质上是卵泡期和黄体期的交替变化，这些变化受外界环境的影响以及神经系统的调节。雌性动物通过自身的嗅觉、视觉、听觉、触觉等接受性刺激，经不同途径作用于神经系统，影响下丘脑促性腺激素释放激素（GnRH）的合成和释放，并刺激垂体前叶促性腺激素的产生和释放，作用于卵巢，产生性腺激素，从而调节雌性动物的发情。因此，雌性动物发情周期的循环，是通过下丘脑—垂体—卵巢轴所分泌的生殖激素相互作用调节的结果。其调节过程概括如下。

雌性动物生长至初情期时，在外界环境因素影响下，下丘脑的某些神经细胞分泌 GnRH，GnRH 经垂体门脉循环到达垂体前叶，调节促性腺激素的分泌。垂体前叶分泌的 FSH 经血液循环运送到卵巢，刺激卵泡生长发育，同时垂体前叶分泌的 LH 也进入血液与 FSH 协同作用，促进卵泡进一步生长并分泌雌激素，刺激生殖道发育。雌激素与 FSH 发生协同作用，从而使 FSH 和 LH 受体增加，使卵巢对这两种促性腺激素的结合性更大，因而更增加了卵泡的生长和雌激素的分泌量，并在少量孕酮的作用下，使生殖道发生各种生理变化，引起雌性动物的发情。当雌激素分泌到一定数量时，作用于下丘脑和垂体前叶，抑制 FSH 的分泌，同时刺激 LH 释放。LH 释放脉冲式频率增加而导致出现排卵前 LH 峰，引起成熟的卵泡排卵。排卵后，卵泡颗粒层细胞在少量 LH 的作用下形成黄体。此外，当雌激素分泌量升高时，降低了下丘脑促乳素抑制激素的释放，而引起垂体前叶促乳素释放量增加，促乳素与 LH 协同，促进和维持黄体分泌孕酮。当孕酮分泌达到一定量时，对下丘脑和垂体产生负反馈作用，抑制垂体前叶 FSH 的分泌，以致卵泡不再发育，使雌性动物不再表现发情。同时，孕酮也作用于子宫，使之发生有利于胚胎附植的生理变化。

如果排出的卵子已受精，囊胚刺激子宫内膜形成胎盘，使溶解黄体的前列腺素 F_{2a}（$PGF_{2\alpha}$）产生受抑制，此时黄体则继续存在下去成为妊娠黄体。若排出的卵子未受精，则黄体维持一段时间后，在子宫内膜产生的 $PGF_{2\alpha}$ 的作用下，黄体逐渐萎缩退化，于是，孕酮分泌量急剧下降，下丘脑和垂体也逐渐脱离孕酮的抑制。垂体前叶又释放 FSH，使卵巢上新的卵泡又开始生长发育。与此同时，子宫内膜的腺体开始退化，生殖道转变为发情前的状态。但由于垂体前叶的 FSH 释放浓度不高，新的卵泡尚未充分发育，致使雌激素分泌量也较少，使雌性动物不表现明显的发情征状。随着黄体完全退化，垂体前叶释放的促性腺激素浓度逐渐增加，卵巢上新的卵泡生长迅速，下一次发情又开始。因此，雌性动物的发情就这样周而复始地进行着。

3. 发情持续期

发情持续期是指雌性动物从发情开始到发情结束所持续的时间，相当于发情周期中的发情期。各种动物的发情持续期为：牛 1 ~ 2 d，羊 1 ~ 1.5 d，猪 2 ~ 3 d，马 4 ~ 7 d。由于季节、饲养管理状况、年龄及个体条件的不同，雌性动物的发情持续期的长短也有所差异。

（二）卵泡发育与排卵

雌性动物在发情周期中，卵巢经历着卵泡的生长发育、成熟、破裂排卵、黄体的形成和退化等一系列变化过程。

1. 卵泡发育

雌性动物卵巢上的卵泡是由内部的卵母细胞和其周围的卵泡细胞组成的。卵泡发育是指卵泡由原始卵泡发育成为成熟卵泡的生理过程，其发育从形态上可分为几个阶段，依次为原始卵泡、初级卵泡、次级卵泡、三级卵泡和成熟卵泡。有人将初级卵泡、次级卵泡和三级卵泡称为生长卵泡。

（1）原始卵泡

排列在卵巢皮质层周围，其内部是一卵母细胞，周围是一单层扁平的卵泡细胞，无卵泡膜和卵泡腔。母畜出生后，卵巢中就已形成大量的原始卵泡。

（2）初级卵泡

排列在卵巢皮质层外围，卵母细胞的周围是一层或两层柱状的卵泡细胞，无卵泡膜和卵泡腔。

（3）次级卵泡

由初级卵泡发育而来。卵母细胞周围的卵泡细胞增殖为多层，并出现了小的卵泡腔。在卵母细胞和卵泡细胞之间形成了一层透明带。

（4）三级卵泡

由次级卵泡继续发育，颗粒层细胞层数不断增多，卵泡腔增大，卵泡液充满卵泡腔。卵母细胞及其周围的颗粒细胞突入卵泡腔内形成了卵丘。其余的颗粒细胞则分布于卵泡腔的周围形成了颗粒层。在颗粒层外围形成卵泡内膜和外膜。内膜为上皮细胞，有血管分布，具有分泌类固醇的作用，外膜由纤维状细胞构成。

（5）成熟卵泡

由三级卵泡继续发育而来。此阶段的卵泡，卵泡腔增大到整个卵巢皮质部，卵泡突出于卵巢表面，即将破裂排卵。

2. 排卵

成熟卵泡破裂、释放卵子的过程称为排卵。排卵前，卵泡体积不断增大，液体增多，增大的卵泡开始向卵巢表面突出，这时，卵泡表面的血管增多，而卵泡中心的血管逐渐减少。生长发育到一定阶段，卵泡成熟破裂排卵。随着卵泡液流出，卵子与卵丘脱离而被排出卵巢外，由输卵管伞部接纳。

（1）动物排卵的类型

根据动物排卵的特点和黄体的功能，排卵可分为两种类型。

自发性排卵：卵泡成熟后便自发排卵和自动形成黄体。这种类型又有两种情况：一是发情周期中黄体的功能可以维持一定时期，且具有功能性，如牛、羊、猪、马等属于这种类型；二是除非交配，否则形成的黄体是没有功能性的，即不具有分泌孕酮的功能，老鼠属于这种类型。

诱发性排卵：又称刺激性排卵，必须通过交配或其他途径使子宫颈受到某些刺激才能排卵，并形成功能性黄体。兔、猫、骆驼等属于诱发性排卵动物，它们在发情季节中，卵泡有规律地陆续成熟和退化，如果交配（刺激），随时都有成熟的卵泡排出。

（2）排卵过程

当卵泡发育成熟时，卵泡的一部分突出于卵巢表面，此处的卵泡膜变薄，形成一个突出状的排卵点。与此同时，卵泡中的卵丘与颗粒层分离，薄而膨胀的排卵点发生破裂，卵泡液先渗出一部分，然后破口扩大，大量卵泡液迅速排出，并将与颗粒层分离的卵母细胞及其周围的放射冠一起排出，被输卵管伞部接纳。

（3）排卵机制

卵泡发育成熟时能够发生破裂排卵，其原因是多方面的。一是卵泡发育成熟后，卵泡液增多，卵泡内压增大，使卵泡膜变薄而引起排卵；二是在母畜垂体前叶分泌的促黄体素的作用下，引起卵泡液中蛋白质溶解酶的合成并使其活性增强，从而导致卵泡膜变性分解，使卵泡发生破裂排卵；另外，卵泡外膜的平滑肌细胞受某些激素作用和神经因素的刺激，也是引起排卵的因素之一。

（4）排卵时间及排卵数

各种动物的排卵时间及排卵数，因动物种类、品种、个体、年龄、营养状况及环境条件等的不同而异。各种动物的排卵时间一般为，牛：发情终止后 8 ~ 12 h；羊：发情终止时；猪：发情终止前 8 h 左右，排卵持续时间 6 ~ 10 h；马：发情终止前 24 ~ 36 h；兔：交配刺激后 6 ~ 12 h。

动物的排卵数目：牛、马等大家畜一般为 1 枚，个别的可排 2 枚；绵羊每次排卵 1 ~ 3 枚，山羊排卵 1 ~ 5 枚；猪排卵 10 ~ 25 枚；兔排卵 5 ~ 15 枚；犬排卵 2 ~ 12 枚；猫排卵 2 ~ 10 枚。

3. 黄体的形成与退化

雌性动物在发情周期中，当卵巢上成熟的卵泡破裂排卵后，由卵泡膜血管中流出的血液充溢于排空的卵泡腔内形成凝血块，称为红体。此后，红体逐渐被吸收缩小，而卵泡腔内颗粒层细胞则增生变大，并吸收大量的类脂质等，变成黄色细胞。同时卵泡内膜血管增生分布于黄色细胞团中，卵泡膜的部分细胞也进入黄色细胞团，共同构成了黄体。黄体在排卵后 7 ~ 10 d（牛、羊、猪）或 14 d（马）发育至最大体积。

如果母畜排卵后未受精，卵巢上所形成的黄体称为周期性黄体。周期性黄体通常可存在 14 ~ 16 d，随后开始萎缩退化而形成白色结缔组织，称为白体。如果母畜排卵后受精和妊娠，卵巢上所形成的黄体称为妊娠黄体。妊娠黄体比周期性黄体略大，存在时间也长，如牛、羊、猪的妊娠黄体一直维持到妊娠结束才退化为白体。马、驴的妊娠黄体在妊娠 180 d 左右时退化为白体，之后由胎盘分泌孕酮维持妊娠。

（三）发情季节

季节变化是影响雌性动物生殖活动的重要环境因素，季节变化的各种信息通过神经系统发生作用，把信息转化而来的神经冲动，传递到下丘脑，从而引起下丘脑、垂体、性腺轴系统的调节。有些动物，如马、绵羊、骆驼、狗及一些野生动物，一年中只在一定时期才表现出发情，这一时期称为发情季节。动物的发情可分为季节性发情和全年多次发情两种类型。季节性发情又分为季节性多次发情和季节性单次发情两种。

1. 季节性多次发情

季节性多次发情是指在发情季节有多个发情周期。如马、绵羊等在春季或秋季发情时，如果没有配种或配种后未受胎，可出现多次发情。马属于长日照发情动物，发情季节多为 3—7 月份，而在短日照的冬、秋季节卵巢处于静止状态，不表现发情。绵羊则属于短日照发情动物，发情季节为 9—11 月份。

2. 季节性单次发情

多数野生动物、毛皮动物都是季节性单次发情。犬的发情季节为春、秋两季，但在每个发情季节内只有一个发情周期。有些哺乳类动物的发情季节多在早春，应抓住时机进行配种。

3. 全年多次发情

全年多次发情是指雌性动物在一年四季都可以出现发情并可配种，牛、猪等属此类型。在高纬度和高寒地区，对动物全年的多次发情有一定影响，如在我国东北，牛的发情在5—8月份较为集中，其他季节则较少。

动物的发情季节并不是不变的，随着驯化程度的加深，饲养管理的改善以及环境条件的影响，其季节性的限制也会变得不大明显，甚至可以变成没有季节性。例如，一般绵羊的发情季节为秋季，但地中海品种的绵羊就无季节性。反之，那些没有发情季节性，全年多次发情的动物如牛、猪等，如果饲养管理条件长期粗放，则发情周期也有比较集中在某一季节的趋势。例如，我国北方牧区的黄牛，仅在夏、秋季发情；南方水牛在上半年发情很少，而多集中在下半年发情，尤以8—10月份最多。

（四）产后发情

产后发情是指雌性动物分娩后的第一次发情。各种动物产后发情的时间不同，在良好的饲养管理和适宜的气候条件下，产后出现第一次发情时间就相对早一些，反之就会推迟。

1. 母牛

奶牛一般可在产后25 ~ 30 d发情，多数表现为安静发情。本地耕牛特别是水牛产后发情一般较晚，往往在数月以上，主要是饲养管理不善或使役过度引起的。母牛产后发情时由于子宫尚未复原，个别牛的恶露还没有流净，此时即使发情表现明显也不能配种。为保证奶牛有一个标准的泌乳期，在产后35 ~ 50 d发情配种较适宜。

2. 母羊

母羊大多在产后2 ~ 3个月发情。不哺乳的绵羊一般在产后20 d左右出现发情，但征状不明显。

3. 母猪

母猪一般在分娩后3 ~ 6 d之内出现发情，但不排卵。一般在仔猪断乳后1周之内出现第一次正常发情。如因仔猪死亡致使母猪提前结束哺乳期，则可在断奶后数天发情。哺乳期也有发情的，但为数甚少。

4. 母马

母马往往在产驹后6 ~ 12 d便发情，一般发情表现不太明显，但在产后第一次发情时有卵泡发育，并可排卵，因此可以配种，俗称“配血驹”。

5. 母兔

母兔在产后 1 ~ 2 d 就有发情，卵巢上有卵泡发育成熟并排卵。如及时配种，能正常受胎。

（五）异常发情

雌性动物异常发情多见于初情期后、性成熟前，性机能尚未发育完全的一段时间内。性成熟以后如果饲养管理不当或环境条件发生异常等，也会导致异常发情的出现。常见的异常发情主要有安静发情、短促发情、断续发情、持续发情和孕后发情。

1. 安静发情

安静发情又称隐性发情，是指雌性动物发情时缺乏外部征状，但卵巢上有卵泡发育、成熟并排卵。常见于产后带仔母牛或母马的产后第一次发情，每天挤奶次数过多或体质衰弱的母牛以及青年动物或营养不良的动物。引起安静发情的原因主要是由于体内有关激素内分泌失调所致，例如雌激素分泌不足，发情外表征状就不明显；促乳素分泌不足或缺乏，促使黄体早期萎缩退化，于是孕酮分泌不足，降低了下丘脑中枢对雌激素的敏感性。

2. 短促发情

短促发情指动物发情持续时间短，如不注意观察，往往错过配种时机。短促发情多发生于青年动物，动物中奶牛发生率较高。造成短促发情的原因可能是神经内分泌系统的功能失调，发育的卵泡很快成熟并破裂排卵，缩短了发情期，也可能是由于卵泡突然停止发育或发育受阻而引起。

3. 断续发情

断续发情是指雌性动物发情延续很长，且发情时断时续。多见于早春或营养不良的母马。其原因是卵泡交替发育，先发育的卵泡中途发生退化，新的卵泡又开始发育，因此产生断续发情的现象。当其转入正常发情时，就能发生排卵，配种也能正常受胎。

4. 持续发情

持续发情也称“慕雄狂”，常见于牛和马。母牛发情行为表现为持续而强烈，发情周期不正常，发情期长短不一，经常从阴户流出透明黏液，阴户浮肿，荐坐韧带松弛，同时尾根举起，配种不受胎。慕雄狂的母马易兴奋，性烈而难以驾驭，不让其他马接近，也不接受交配。发情可持续 10 ~ 40 d 而不排卵，一般在早春配种季节刚刚开始时容易发生。

慕雄狂发生的原因与卵泡囊肿有关，但并不是所有的卵泡囊肿都具有慕雄狂的征状，也不是只有卵泡囊肿才引起慕雄狂表现，如卵巢炎、卵巢肿瘤，下丘脑、垂体、肾上腺等内分泌器官机能失调，均可发生慕雄狂。乳牛的慕雄狂如为卵泡囊肿所引起，注射合成的 GnRH 效果较好。

5. 孕后发情

孕后发情又称妊娠发情或假发情，是指动物在怀孕期仍有发情表现。有 3% ~ 5%母牛在怀孕最初的 3 个月内发情，有 30% 左右的绵羊会在孕后发情。孕后发情发生的主要原因是激素分泌失调，即妊娠黄体分泌孕酮不足，而胎盘分泌雌激素过多所致。母牛有时也因在怀孕初期，卵巢上仍有卵泡发育，致使雌激素分泌量过高而引起发情，并常造成怀孕动物早期流产，有人称之为“激素性流产”。孕马发情时，卵泡可以成熟破裂排卵，因母马在怀孕早期的体液中含有大量孕马血清促性腺激素（PMSG），可以促进卵泡成熟排卵。

三、发情鉴定

在动物繁殖工作中，发情鉴定是一项非常重要而又容易被忽视的技术环节，在人工授精、胚胎移植等繁殖技术中占有重要地位。通过发情鉴定，可以判断动物是否发情，发情处于何阶段，预测排卵时间，以便确定配种适期，及时进行配种或人工授精，从而达到提高受胎率的目的；还可以发现动物发情是否正常，以便及时发现问题、解决问题。

（一）发情鉴定的基本方法

发情鉴定的方法有多种，如外部观察法、试情法、阴道检查法和直肠检查法等。由于各种动物的发情特征，有共性，也有特异性，因此，在发情鉴定时，既要注意共性方面，还要注意各种动物的自身特点，确定适宜的鉴定方法。在鉴定之前，了解被鉴定母畜的繁殖历史和发情过程，可提高发情鉴定的准确性。

1. 外部观察法

外部观察法是各种动物发情鉴定最常用的一种方法，主要观察动物的外部表现和精神状态，从而判断其是否发情或发情程度的方法。

各种雌性动物发情时，通常表现为：食欲下降甚至拒食，兴奋不安，鸣叫，爱活动，外阴部肿胀、潮红、湿润，有的流出黏液，频频排尿，对周围的环境和雄性动物的反应敏感。不同的动物往往也有各自的特征，如母牛发情时哞叫，爬跨其他母牛，游走好动，食欲下降，泌乳量减少等；母猪外阴部肿胀，拱门闹圈；母马扬头嘶鸣，阴唇外翻闪露阴蒂；母驴伸颈低头，“吧嗒嘴”等。上述特征表现随发情进程由弱到强，再由强到弱，发情结束后消失。

2. 试情法

试情法是根据雌性动物在性欲及性行为上对雄性动物的反应，判断其是否发情和发情程度的方法。进行试情的雄性动物要求是体质健壮、性欲旺盛、无恶癖的非种用公畜，试情前要进行处理，最好做输精管结扎或阴茎扭转手术，而羊在腹部围扎试情布即可使用。

3. 阴道检查法

阴道检查法是应用阴道开张器或阴道扩张筒插入并扩张阴道，借用光源，观察阴道黏膜颜色、充血程度、子宫颈松弛状态、子宫颈外口的颜色、充血肿胀程度和开口大小，分泌液体的颜色、黏稠度、量的多少以及有无黏液流出等来判断发情的方法。此法主要适用于牛、马、驴等大家畜。

检查时，阴道开张器或扩张筒要洗净消毒，以防感染，插入时要小心谨慎，以免损伤阴道黏膜。此法由于不能准确地判断动物的排卵时间，因此，目前只作为一种辅助性检查方法。

4. 直肠检查法

直肠检查法是将涂润滑剂的手臂伸入保定好的母畜直肠内，隔着直肠壁用手指触摸卵巢及卵泡发育情况，如卵巢的大小、形状、质地，卵泡发育的部位、大小、弹性，卵泡壁的厚薄以及卵泡是否破裂，有无黄体等。此法主要适用于牛、马等大家畜，因直接、可靠，在生产上应用广泛。检查时要有步骤地进行，用指肚触诊卵泡的发育情况，切勿用手挤压，以免将发育中的卵泡挤破。

此法的优点是：能准确判断卵泡的发育程度，确定适宜的输精时间，从而减少输精次数，提高受胎率；也可在必要时进行妊娠检查，以免对妊娠动物进行误配，引发流产。

此方法的不足：术者须经多次反复实践，积累比较丰富的经验，才能正确掌握和判断；冬季检查时术者必须脱掉衣服，才能将手臂伸进动物直肠，易引起术者感冒和风湿性关节炎等职业病，如劳动保护不妥（不戴长臂手套）易感染布氏杆菌病等人畜共患的疾病。

5. 生物和理化鉴定

（1）生殖激素检测法

应用激素测定技术，通过对雌性动物体液（如血浆、血清、乳汁、尿液等）中生殖激素（如雌激素、孕酮等）水平的测定，依据发情周期中生殖激素的变化规律，判断发情情况。该法可精确测定出激素的含量，如用放射免疫测定（RIA）母牛血清中孕酮的含量为 0.2 ~ 0.48 ng/mL，输精后情期受胎率可达 51%。

（2）仿生法

仿生法是模拟公畜的声音（放录音磁带）和气味（天然或人工合成的气雾制剂）刺激母畜的听觉和嗅觉器官，观察其受到刺激后的反应情况，判断母畜是否发情。在生产实践中采用仿生法对猪的发情鉴定的试验较多，结果表明，只用压背试验时，发情母猪中仅有 48%呈现静立反射；若同时公猪在场，发情母猪 100%出现静立反射；当公猪不在场，但能听到公猪叫声和嗅到公猪气味，发情母猪中有 90%呈现静立反射。用天然的或人工合成的公猪性外激素，在母猪群内喷雾，可刺激发情母猪出现静立反射。

（3）电测法

电测法是应用电阻表测定雌性动物阴道黏液的电阻值来进行发情鉴定，以便确定最适宜的输精时间。此法的研究开始于20世纪50年代，经反复研究证实，黏液和黏膜的总电阻变化与卵泡发育程度有关，与黏液中的盐类、糖、酶等含量有关。一般说来，在发情期，电阻值降低，而在发情周期其他阶段电阻值则会升高。

（4）生殖道黏液pH测定法

在雌性动物发情周期中，生殖道黏液pH呈现一定的变化规律，一般在发情盛期为中性或偏碱性，黄体期则偏酸性。母牛子宫颈液pH一般为6.0 ~ 7.8，研究证明，当经产母牛pH在6.7 ~ 6.8时，输精受胎率最高，处女牛的pH在6.7时，输精受胎率最高。对于发情周期表现正常的动物，测定pH有一定的参考价值。

（二）各种动物发情鉴定要点

1. 牛的发情鉴定

由于母牛发情时外部表现比较明显且有规律性，且牛的发情持续期较短，因而生产中主要采用外部观察法。也可以进行直肠检查，更加准确地确定排卵时间。

（1）外部观察法

将母牛放入运动场或在畜舍内观察，早晚各一次。主要通过观察母牛的爬跨情况、外阴部的肿胀程度及黏液的状态，进行综合分析判断。

发情初期：发情母牛表现为食欲下降，兴奋不安，四处走动，个别牛甚至会停止反刍。如与牛群隔离，常常发出大声哞叫；放牧或在大群饲养的运动场，可见追逐并爬跨其他牛的现象，但不接受其他牛的爬跨。外阴部稍肿胀，阴道黏膜潮红肿胀，子宫颈口微开，有少量透明的稀薄黏液流出，几小时后进入发情盛期。

发情盛期：食欲明显下降甚至拒食，精神更加兴奋不安，大声哞叫，四处走动，常举起尾根，后肢开张，作排尿状，此时接受其他牛的爬跨并站立不动。外阴部肿胀明显，阴道黏膜更加潮红，子宫颈开口较大，流出的黏液呈牵缕样或玻璃棒状。

发情末期：母牛逐渐安静下来，尾根紧贴阴门，不再接受其他牛爬跨，外阴部、阴道和子宫颈的潮红减退，黏液由透明变为乳白色。此后，母牛外部征状消失，逐渐恢复正常，进入间情期。

（2）直肠检查法

母牛在间情期，一侧卵巢较大，能触到一个枕状的黄体突出于卵巢的一端，当母牛进入发情期以后，则能触到有一个黄豆大的卵泡存在，这个卵泡由小到大，由硬到软，由无波动到有波动。由于卵泡发育，卵巢体积变大，直肠检查时容易摸到。

牛的卵泡发育各期特点，①卵泡出现期：卵泡稍增大，直径为0.5 ~ 0.75 cm，直肠触诊为一硬性隆起，波动不明显。这一期中，母牛一般开始有发情表现。从发情开始计算，第一期持续约10 h；但也有些母牛在发情出现以前，第一期已开始。②卵泡发育期：卵泡的直径发育到1 ~ 1.5 cm（黄牛1.3 cm），呈小球状，波动明显。这一期持续10 ~ 12 h。在此期后半段，发情表现已开始减轻，甚至消失。对卵巢功能减弱的母牛，此期的时间较长。③卵泡成熟期：卵泡不再继续增大，卵泡壁变薄，紧张度增强，直肠触诊时有"一触即破"的感觉，似熟葡萄。此期为6 ~ 8 h。④排卵期：卵泡破裂，卵泡液流出，卵巢上留下一个小的凹陷。排卵多发生在性欲消失后10 ~ 15 h。母牛夜间排卵较白天多，右边卵巢排卵较左边多。排卵后6 ~ 8 h可摸到肉样感觉的黄体，直径为0.5 ~ 0.8 cm。

直肠检查的操作方法：直肠在骨盆腔的一段，肠壁较薄且游离性强，可隔肠壁触摸子宫及卵巢。将待检测母牛牵入保定栏内保定，尾巴拉向一侧。检查人员将手指甲剪短磨光，挽起衣袖，用温水清洗手臂并涂抹润滑剂或戴上一次性的薄塑料长臂手套，同样涂润滑剂。检查人员应站在母牛正后方，五指并拢呈锥形，旋转缓慢伸入直肠内，排出宿粪。手进入骨盆腔中部后，将手掌展平，掌心向下，慢慢下压并左右抚摸钩取，找到软绳索状的子宫颈，沿着子宫颈迁移可摸到略膨大的子宫体和角间沟，向前即为子宫角，顺着子宫角大弯向外侧一个或半个掌位，可找到卵巢。用拇指、食指和中指固定卵巢并体会卵巢的形状、大小及卵巢上卵泡的发育情况。按照同样的方法可触摸另一侧的卵巢。

在直肠检查过程中，检查人员应小心谨慎，注意安全，避免粗暴。如遇到母牛努责时，应暂时停止检查，等直肠收缩缓解后（可以简单地按压脊背），再进行操作。

直肠内的宿粪可一次排出。将手臂伸入直肠内并向上抬起，使空气进入直肠，然后手掌稍侧立向前慢慢推动，使粪便蓄积，刺激直肠收缩，当母牛出现排便反射时，应尽力阻挡，待排便反射强烈时，将手臂向身体侧靠拢，使粪便从直肠与手臂的缝隙排出。如粪便较干燥，慢慢将手臂退出。

2. 羊的发情鉴定

绵羊的发情持续期短，且发情征状在无公羊存在时表现不明显，因此发情鉴定以试情为主。将试情公羊（结扎输精管或腹下带试情兜布）按公、母以1∶40的比例，每日一次或早晚各一次定时放入母羊群中，接受公羊爬跨者即为发情母羊。在试情公羊的腹部可以采用标记装置或在胸部装上染料囊，如果母羊发情并接受公羊爬跨时，便将颜色印在母羊背部上，从而将发情母羊挑选出来；也可以是饲养员在旁边观察，及时将发情羊只挑出。

山羊的发情征状比较明显，阴唇肿胀充血、摇尾、高声咩鸣、爬跨其他母羊，接近公羊时，嗅闻其会阴及阴囊部，或静立等待公羊爬跨，并回视公羊。

3. 猪的发情鉴定

母猪是常年多次发情的动物，发情持续期平均为 2 ～ 3 d。母猪发情时，外阴部和行为变化明显，因此，母猪的发情鉴定是以外部观察为主，结合压背法进行判断。

母猪发情时，表现食欲减退，兴奋不安，常在圈内乱跑，流涎磨牙，嘶叫，往往拱圈门，不时爬墙张望甚至跳圈去寻找公猪。发情开始前 2 d，阴唇即开始肿胀，发情时则显著肿胀，阴门裂稍开放，黏膜充血，阴道内流出稍带红色的分泌物。发情的第 2 天，征状更加明显，并有透明黏液流出阴门之外。母猪发情时还表现时常排尿，爬跨其他猪，同时也接受其他猪的爬跨。用手按压猪背腰部，如母猪表现为静立不动，尾根翘起，后肢叉开，向前推母猪，不仅不逃脱，反而向后用力，主动接近人，此时母猪发情即称为“静立反射”。

人们在生产中总结出了“一看、二听、三算、四按背、五综合”的母猪发情鉴定方法。一看外阴部变化、行为表现、采食情况；二听母猪的叫声；三算发情周期和发情持续期；四做按背试验；五进行综合分析。当猪阴户端几乎没有黏液，颜色接近正常，黏膜由红色变为粉红色，出现“静立反射”时，为输精的适宜时期。

4. 马的发情鉴定

马的发情持续期比较长，一般是 4 ～ 7 d，卵泡发育受外界环境条件的影响较大，卵泡发育较为复杂，排卵规律不像其他动物那样易于掌握。因此，发情鉴定的方法是在外部观察的基础上，以直肠检查法为主，辅以其他鉴定方法。

（1）直肠检查法

马的卵泡发育一般分为 6 个时期。

卵泡出现期：在发情季节，母马一侧卵巢有一个或数个卵泡开始发育，但其中有一个卵泡（很少有 2 个）获得发育的优势而达到成熟排卵。最早出现的卵泡体积小而质地硬，表面比较光滑，呈硬球状突出于卵巢表面，此期一般持续 1 ～ 3 d。

卵泡发育期：在这一阶段，获得发育优势的新生卵泡体积增大，充满卵泡液，表面光滑，卵泡内液体波动不明显，突出于卵巢部分呈正圆形，卵泡体积大小因发育速度而异。外界条件（气温、光照、营养）合适时，直径达 3 ～ 4 cm，个别的有 5 ～ 7 cm。卵泡发育期可持续 1 ～ 3 d，此时母马一般已发情。

卵泡成熟期：这是卵泡发育的最高阶段，此阶段卵泡主要是性状的变化，体积变化不明显。所谓性状的变化，一般有两种：一种是母马卵泡成熟时，泡壁变薄，泡内液体波动明显，弹力减弱，最后完全变软，流动性增强，用手指轻轻按压即可陷入泡腔，这是即将排卵的表现；另一种是母马卵泡成熟时，皮薄而紧，弹力很强，触摸时母马敏感（有疼痛反应），有“一触即破”的感觉。此期持续时间较短，一般为一昼夜，早春天寒时 2 ～ 3 d。

排卵期：卵泡完全成熟后，即进入排卵期。此时卵泡形状不规则，有显著的流动性，卵泡壁变薄变软，卵泡液逐渐流失，需 2 ~ 3 h 才能完全排空。由于卵泡正在排出，触摸时卵泡不成形，非常柔软，手指很容易塞入卵泡腔内。有时，卵泡液突然流失而排空。

空腔期：卵泡液完全流失后，泡壁凹陷呈松弛的两层，触摸时可感到凹陷内有颗粒状突起，母马有疼痛反应，手指按压时，母马有回顾、不安、弓腰或两后肢交替离地等表现。此期持续 6 ~ 12 h。

黄体形成期：卵泡液排空后，卵泡壁微血管排出的血液重新充满卵泡腔而形成血红体，使卵巢从“两层皮状”逐渐发育成圆形的肉状突起，形状和大小很像第二、第三期的卵泡；但没有波动和弹性，触摸时一般没有明显的疼痛反应。

利用直肠检查法鉴定卵泡的形状和形态时，应注意不要把卵泡和黄体、大卵泡和卵泡囊肿相混淆，有时必须细致区分，才能做出准确判断。

卵泡和黄体的区别：黄体几乎是扁圆形或不规则的三角形，黄体有肉团感，而卵泡则为圆形，且有弹性或液体流动；黄体表面较粗糙，而卵泡表面光滑；黄体在形成过程中越变越硬，而卵泡从发育成熟到排卵过程中是越变越软。

大卵泡和卵泡囊肿的区别：大卵泡壁厚持续时间长，波动不明显，但大卵泡一般都能正常排卵，卵泡囊肿的形态质地和大卵泡相似，但可持续达数个发情周期，仍无明显的变化。只有通过长期多次检查，才能确诊。

（2）外部观察法和试情法

母马发情时常表现不安，后肢撑开，弓腰抬尾，阴门频频开闭，闪露阴蒂，有时排出少量浑浊尿液或黄白色黏液。发情母马常脱群寻找公马，应注意观察以防走失。在拴系的饲养条件下，母马常常在槽上或墙上摩擦外阴部，尾根、尾毛常因摩擦而蓬乱竖起，有时可见丝状分泌物。

试情法也可以检查发情程度，虽不如直肠检查准确，但易于掌握。

试情法有两种：一种是分群试情，即把结扎输精管或进行过阴茎转向术的公马放在马群中，以便发现发情的母马。此法适用于群牧马。另一种是牵引试情，一般是在固定的试情场进行。把母马牵到公马处，使它隔着试情栏接近公马，同时注意观察母马对公马的态度来判断发情表现。一般是先使公马与母马头对头见面，观察其表情，然后调过来，使母马的尾部朝向公马。未发情的母马对公马常有防御性反应。发情的母马会主动接近公马，并有举尾，后肢开张，频频排尿等表现，在发情高潮时，往往很难将公马与母马拉开。

5. 兔的发情鉴定

母兔发情时表现不安、站立、食欲减退，爬跨其他母兔，愿意接近公兔。对笼养母兔可观察其外阴部肿胀程度和阴道黏膜的色泽变化。未发情母兔的阴道黏膜色泽苍白，阴唇不肿胀；发情母兔的阴道黏膜为粉红色或大红色，阴唇肿胀；如阴道黏膜呈紫红色，阴唇略有皱缩，则表明母兔发情将近结束。

根据母兔的生殖生理特点，只要母兔处于发情阶段均可配种而受孕。有时不发情的母兔也可人工强制配种而受孕。对于阴道苍白的母兔或被强制配种的母兔，其受胎率和产仔数均比正常情况下配种低得多。

第二章　动物人工授精

第一节　精液的采集

精液的采集是人工授精工作中的重要技术环节，指利用器械采集到量多、质优、无污染的精液。

一、采精前的准备

（一）采精场地要求和采精场的主要设施

采精应在良好和固定的环境中进行，以便公畜建立起巩固的条件反射，同时也是防止精液污染的基本条件。采精场应该宽敞、平坦、安静、清洁，场内设有采精架以保定台畜，供公畜爬跨进行采精。

理想的采精场所应同时设有室外和室内采精场地，并与精液处理操作室和公畜舍相连。室内采精场的大小一般为 10 m×10 m，并附有喷洒消毒和紫外线照射杀菌设备。

（二）台畜的应用与种公畜的调教

台畜，是供公畜爬跨射精时进行精液采集用的采精台架，可分为活台畜和假台畜两类。采精时，活台畜应选择健康、体壮、大小适中、性情温顺的发情母畜，或经过训练的公、母畜作台畜，有利于刺激种公畜的性反射，效果较好。采精前，应先将台畜进行保定，并对其后躯进行全面彻底的清洗消毒，以免造成精液污染。

所谓假台畜是指用钢筋、木料等材料模仿家畜的外形制成的固定支架，其大小与真畜相似。假台畜的外围可覆以棉絮、泡沫等柔软物或用畜皮包裹，有的还设计了内部固定的假阴道装置，下有车轮和轨道，可自动进退和调节高低。用假台畜采精，简单方便而且安全，是一种有效方法，各种家畜都可采用。特别是猪，由于其射精时间长，用活台畜进行采精操作极为不便，而用假台畜，结构简单，有轻巧灵活的长凳式或具有高低调节装置的两端式，方便实用，加之容易训练公猪爬跨假台畜，所以公猪采精时一般都使用假台畜。

对于初次使用假台畜进行采精的种公畜必须进行调教。调教的方法很多，可根据具体情况选择使用。常用的调教方法有：①在假台畜的后躯涂抹发情母畜阴道分泌物、尿液或外激素，以引起公畜的性兴奋，并诱导其爬跨假台畜，多数公畜经几次调教后即可成功。②在假台畜的旁边放一只发情母畜，引起公畜性欲和爬跨之后，不让其交配而将其拉下。反复几次，当公畜的性兴奋达到高峰时将母畜迅速牵走，诱其爬跨假台畜采精，成功率较高。该种方法特别适用于种公猪的调教。利用另一头公猪爬跨过的假台畜，或将其他公猪的尿涂抹在假台畜上，然后让待调教的公猪接触，则会引起公猪的爬跨反射，也能调教成功。③可让待调教的公畜目睹已调教好的公畜利用假台畜采精的过程，进而诱导公畜爬跨假台畜。

在调教过程当中，要反复进行训练，耐心诱导，切勿强迫、抽打、恐吓或其他不良刺激，以防止性抑制而给调教造成困难；要注意人畜安全和公畜生殖器官的清洁卫生。第一次爬跨采精成功后，还要反复几次，以便建立巩固的条件反射。调教期间，还应注意改善和加强公畜的饲养管理，以保持健壮的种用体况，调教最好在公畜精力充沛和性欲旺盛的早晨进行。

（三）采精器械与人员的准备

1. 器械的清洗与消毒

采精用的所有人工授精器械，均要求进行严格的消毒，以保证所用器械清洁无菌。这对于减少采精引起的公畜生殖道疾病至关重要。

传统的洗涤剂是2% ~ 3%的碳酸氢钠或1% ~ 1.5%的碳酸钠溶液。肥皂或洗衣粉也是采精场常用的洗涤剂，但安全性不及前者。各类器械用洗涤剂洗刷后，务必立即用清水洗净，然后经严格的消毒后才能使用。各类器械因质地不同其消毒方法也有所不同。

（1）玻璃器械

采用电热鼓风干燥箱进行高温干燥消毒，要求温度为130 ~ 150℃，并保持20 ~ 30 min。也可采用高压蒸汽消毒维持20 min。

（2）橡胶制品

一般采用75%酒精棉球擦拭消毒，最好再用95%的酒精棉球擦拭一次，以加速挥发残留在橡胶上面的水分和酒精气味，然后用生理盐水冲洗。对于猪、马用的输精胶管，可放入煮沸的开水中浸煮3 ~ 5 min，然后用生理盐水冲洗。

（3）金属器械

可用苯扎溴铵等消毒溶液浸泡，然后用生理盐水等冲洗干净。也可用75%的酒精棉球擦拭，或用酒精火焰消毒。

除了对以上器械的消毒外，采精时所用的一些溶液如润滑剂和生理盐水以及药棉、纱布、毛巾等常用物品的消毒均可采用隔水煮沸消毒20 ~ 30 min，或用高压蒸汽消毒。在进行溶液的消毒时应避免盛装溶液的玻璃瓶爆裂。

2. 采精人员的准备

采精人员应具有熟练的采精技术，并熟知每一头公畜的采精条件和特点，采精时动作要敏捷，操作时要注意人畜安全。在采精之前，采精人员应身着紧身利落的工作服，避免与公畜及周围物体钩挂，影响操作。同时还应将指甲剪短磨光，手臂要清洗消毒。

二、采精技术

一种理想的采精方法，应具备下列 4 个条件：①可以全部收集公畜一次射出的精液。②不影响精液品质。③公畜生殖器官和性机能不会受到损伤或影响。④器械用具简单，使用方便。

公畜的采精方法有很多种，因动物种类不同和环境条件的差异，各类动物选用的采精方法有所不同。经实践证明，假阴道法是较理想的采精方法，适用于各种家畜和部分驯兽；手握法是当前采集公猪精液较普遍使用的方法；按摩法主要用于禽类的采精，也适用于牛和犬；电刺激法在一般情况下只应用于驯养和野生动物的采精。

（一）假阴道法

假阴道法是用相当于母畜阴道环境条件的人工阴道，诱导公畜在其中射精而取得精液的方法。

1. 公牛采精

（1）假阴道的结构和采精前的准备

假阴道是一筒状结构，主要由外壳、内胎、集精杯及附件组成。外壳为一圆筒，由硬橡胶、金属或塑料制成；内胎为弹性强、薄而柔软无毒的橡胶筒，装在外壳内，构成假阴道内壁；集精杯由暗色玻璃或塑胶制成，装在假阴道的一端。此外，还有固定内胎的胶圈，保定集精杯用的三角保定带，充气用的活塞和双连球，连接集精杯的胶漏斗，以及为防止精液污染而敷设在假阴道入口处的泡沫塑料垫等。各种假阴道的形状略异，大小不一，但结构基本相同。

假阴道在使用前要进行洗涤、安装内胎、消毒、冲洗、注水、涂润滑剂、调节温度和压力等步骤，使假阴道具有引起射精反射的适当温度（38 ~ 40℃）、适当压力和一定的润滑度。安装好的假阴道一端应呈“Y”形或“X”形方能使用，其他形状均不能使用。

（2）采精操作

将种公牛牵到台牛旁，采精员手持假阴道，站于台牛的右后侧，面向台牛。当公牛阴茎挺出，前肢跃起爬上台牛的瞬间，采精员手持假阴道，迅速向前一步，将假阴道筒口略向后下方倾斜与公牛阴茎伸出方向成一条直线，紧靠在台畜尻部右侧。左手在包皮口的后方，掌心向上托住包皮将阴茎拨向右侧，导入假阴道内。此时要注意，不可用手抓握阴茎，否则会使阴茎缩回。

当公牛用力向前上一冲，即表示射精完毕。公牛射精后，采精员左手轻推公牛，右手持假阴道并使集精杯一端略向下倾斜，跟随公牛后移，不要抽出，让其阴茎自行脱出。然后将假阴道直立，筒口向上，放气，待精液全部流入集精杯中，再将集精杯取下，做好牛号标记，将精液立即从窗口送至精液处理室内。

（3）牛采精应注意的事项

第一，公牛第一次射精后，可休息 15 min 后进行第二次采精，两次采精各使用一个假阴道。一次采精两个射精量是常用的方法，可减少工作量，而且第二次采集的精液比第一次采到精液污染要小得多。可将两次采集的精液放在一起处理。

第二，采精后，让公牛略作休息，然后赶回牛舍。

第三，要注意人畜安全。牛的射精时间十分短促，只有几秒到十几秒钟，而且公牛射精时向前上冲力很大。因此，要求采精人员动作敏捷、准确。另外，应注意假阴道与公牛的阴茎保持方向一致，尤其是在公牛射精瞬间，不正确的操作可能损伤公牛的阴茎。采精过程中，采精人员还要密切注意公牛的行为、动作，防止被公牛踩伤，如果公牛攻击人，采精人员应迅速进入安全通道。采精员应善待牲畜，不得恐吓和打骂各种公畜，要注意建立人畜亲和关系，以保证工作的顺利进行。

2. 公羊采精

羊的采精方法与牛基本相同，羊从阴茎勃起到射精只有几秒时间，所以要求操作人员动作敏捷、准确。

（1）采精前的准备

一般选择健康的发情母羊做台羊。台羊可保定在采精架内，保定架尺寸应根据台羊的体格设计。公羊采精用的假阴道与牛的结构相似，但尺寸较小。内胎温度可控制在 39 ~ 41℃，压力以温度计插入和拉出时有一定阻力为宜。公羊采精前用生理盐水冲洗阴筒并挤净擦干。

（2）采精操作

将种公羊牵到台羊旁，采精员手持假阴道，蹲在台羊的右后侧，面向台羊，随时准备操作。当公羊爬上台羊时，采精员应迅速将假阴道外口向后下方倾斜与公羊阴茎伸出方向成一直线，用左手扶住包皮口的后方，掌心向上托住包皮使阴茎向右偏，将阴茎导入假阴道内。公羊向前上一冲说明已经射精。公羊射精后，采精员持假阴道随公羊后移并使集精杯一端略向下，阴茎脱出后，放气，取下集精杯。

如果制作冷冻精液，也可采用一次采精两个射精量的方法。采用鲜精人工授精的，应随用随采。

3. 公猪采精

公猪进入采精位后，采精员用扫描器扫描公猪电子耳号和采精员的电子牌，计算机打印出精液标签，贴在采精袋上。采精袋和过滤网有卡扣以方便与假阴道相连。当公猪爬上假母猪后，采精员先挤净公猪的包皮液，用纸巾清洁公猪外阴，用戴一次性手套的右手锁定公猪龟头，最初射出的精液不收集，用纸巾擦净龟头后，将龟头送入假阴道内，假阴道内腔的压力由一气泵控制。最后卡上过滤网和采精袋，并将采精袋放入塑料保温桶中开始收集精液，直到采精结束，取下假阴道。将精液装入另一塑料筒中，通过气动装置将精液送入实验室。

（二）手握法

手握法是目前采集公猪精液普遍采用的一种方法，其原理是模仿母猪子宫颈对公猪龟头螺旋部的约束力而刺激射精。该方法具有设备简单、操作方便、能采集公猪浓份精液等优点，但易使精液遭受污染和冷打击。

采精前应先用消毒液洗涤公猪包皮及其附近被毛，再用生理盐水冲洗擦干。采精时，采精员应戴好消毒乳胶（或塑料薄膜）手套，蹲在台猪的右侧或左侧，当公猪爬跨台猪并伸出阴茎时，将公猪螺旋龟头导入握成的空拳中，让阴茎自由抽动片刻，再握紧螺旋部不让龟头转动。当阴茎充分勃起后顺势向前牵拉，手指有弹性并有节奏地松压，即可引起公猪射精。另一手持覆盖过滤纱布的保温集精杯收集富含精子的精液。公猪射精时间可持续 5 ~ 7 min，分 3 ~ 4 次射出。第一次射出的精液，含精子较少且污染大，可不收集。每次射精间隙后不要松手，按此法再次刺激公猪龟头，直至射精完全结束。

（三）电刺激法

电刺激法是通过电流刺激有关神经而引起公畜射精的方法。对于育种价值高，因损伤而失去爬跨能力的公畜，或不适宜用其他方法采精的动物，可以使用电刺激法。

电刺激采精仪由电极探头和可调的交流电源两大部分组成。电压变化范围是 0 ~ 30 V，电流是 0.5 ~ 1.0 A。电极探头上的正负极有两种排列式，一种是相距 4 cm 的环形可变极性的正负极，一种是沿电极探头纵轴排列的 4 根导线，2 个正极，2 个负极。采精时，电极处于直肠内尿生殖道骨盆部的正上方，便于刺激生殖系统的神经。

采精时，须将公畜以侧卧或站立姿势保定，牛、马、鹿等及野生动物在必要时可使用静松灵、氯琥珀胆碱等药物镇静。剪去包皮附近被毛并用生理盐水等冲洗拭干，如能排除直肠内宿粪则效果更好。按动物种类、个体特性，适当调节好频率、刺激电压、电流及时间，调节时，一般由低到高渐次进行。因为副性腺的分泌物排出起始于低电压，而射精则发生于高电压，所以用电刺激法采得的精液量较大而精子密度较小。

三、采精频率

采精频率是指每周内对公畜的采精次数。合理安排采精频率是持续获取大量优质精液和维持公畜健康水平的重要条件。各种公畜适宜的采精频率是根据公畜的生精能力、精子在附睾内的贮存量、每次射精的精液精子密度以及公畜体况而确定的，而睾丸发育和精子产生数量又与饲养管理密切相关。因此，任何一头公畜在良好的饲养管理条件下适当增加采精频率是可以的。但是，随意增加采精次数，不但会降低精液质量，也会对公畜的生殖机能和健康带来不良影响。各种公畜的适宜采精频率见表 2–1。

表 2–1　正常成年公畜的采精频率及其精液特性

公畜	每周采精次数	平均每次射精量 /mL	平均每次射出精子总数 / 亿个	平均每周射出精子总数 / 亿个	精子活率 /%	正常精子率 /%
乳牛	2 ~ 6	5 ~ 10	50 ~ 150	150 ~ 400	50 ~ 75	70 ~ 95
肉牛	2 ~ 6	4 ~ 8	50 ~ 100	100 ~ 350	40 ~ 75	65 ~ 90
水牛	2 ~ 6	3 ~ 6	36 ~ 89	80 ~ 300	60 ~ 80	80 ~ 95
马	2 ~ 6	30 ~ 100	50 ~ 150	150 ~ 400	40 ~ 75	60 ~ 90
驴	2 ~ 6	20 ~ 80	30 ~ 100	100 ~ 300	80	90
猪	2 ~ 5	150 ~ 300	300 ~ 600	1 000 ~ 1 500	50 ~ 80	70 ~ 90
绵羊	7 ~ 25	0.8 ~ 1.2	16 ~ 36	200 ~ 400	60 ~ 80	80 ~ 95
山羊	7 ~ 20	0.5 ~ 1.5	15 ~ 60	250 ~ 350	60 ~ 80	80 ~ 95

在生产实践上，公牛通常每周采精 2 d，每天采 2 次，也可以每周采 3 次，隔日采精。青年公牛精子产量较成年公牛少 1/3 ~ 1/2，采精次数应酌减。公猪、公马射精量大，很快使附睾内贮存精子彻底排空，采精最好隔日一次。如果需要每天采精，则连续采精 2 d 后，需休息 1 ~ 2 d。公绵羊和公山羊射精量少而附睾贮存量大，加之配种季节短，每天可采精多次，连续数周，不会影响精液质量。在生产实践中，通常以出现精液质量下降，尤其是出现未成熟精子（带有原生质滴）或种公畜性欲下降等作为检验公畜采精次数是否过频的表现，这时应立即减少或停止采精。

第二节　精液品质检查

精液品质检查的目的是鉴定精液质量的优劣，以便确定其利用价值。通过精液品质检查可间接判定公畜的饲养管理水平和生殖器官机能状态。同时还能反映采精技术操作水平的高低，并以此作为检验精液稀释、保存和运输效果的依据。

精液品质检查的项目分为常规检查和定期检查。常规检查的项目包括射精量、活力、密度、色泽、气味、云雾状、pH 等。定期检查的项目包括死活精子检查、精子计数、精子形态、精子存活时间及指数、美蓝褪色试验、精子抗力以及其他项目等。

现行评定精液品质的方法有外观检查法、显微镜检查法、生物化学检查法和精子生活力检查法等 4 种。无论哪一种检查方法，都必须以受精力的高低为依据。

精液品质评定的原则是检查评定结果必须真实反映精液本来的品质。因此，在精液检查过程当中应注意标记被检精液的来源；取样的代表性；避免不良因素对精液的影响；检查动作迅速，评定结果准确。随着现代科学技术的进步，精液品质评定的方法不断得到改进和提高，一些现代化仪器设备的应用更加快了精液品质评定的速度和评定结果的客观准确性，如计算机辅助精液分析系统（CASA）的应用，可以同时在一份精液样品中得到有关密度、速率、活力等多种与精液品质有关的参数，并可降低人为评定所引起的误差。

一、外观检查法

外观检查法主要通过肉眼观察，初步评定精液的品质。

（一）精液量

所有公畜采精后应立即直接观察射精量的多少。猪、马、驴的精液因含有胶状物，应过滤或经离心处理后，除去胶状物后再读数。

精液量因家畜种类、品种、个体不同而有所差异。同一个体又因年龄、性准备状况、采精方法及技术水平、采精频率和营养状况等而有所变化。精液量不在正常值范围内时，必须立即查找原因，及时调整和治疗。精液量过多可能是由于过多的副性腺分泌物或其他异物（如尿、假阴道漏水）的混入等造成的；如过少可能是采精方法不当或生殖器官机能衰退等造成的。

评定公畜正常的射精量，不能仅凭一次的采精记录，应以一定时间内多次射精总量的平均数为依据。此外，精液当中不应该有毛发、尘土和其他污染物。

（二）色泽

精液一般为乳白色或灰白色，精子密度越大，精液的颜色越浓。牛、羊的精液呈乳白色，有时呈淡黄色；猪、马的精液为淡乳白或灰白色。精液颜色出现异常为不正常现象。若精液呈红色可能混有血液；精液呈褐色可能混有陈血；精液呈淡黄色可能混有脓汁或尿液。颜色有异常的精液应予以废弃，并立即停止采精，查明原因及时治疗。

（三）气味

正常的精液略带有腥味，牛、羊精液除具有腥味外，另有微汗脂味。如果气味异常，可能是混有尿液、脓液、粪渣或其他异物的表现。气味异常常伴有颜色的变化，因此可将色泽和气味检查结合进行，使鉴定结果更为准确。

（四）云雾状

牛、羊的精液因精子密度大而浑浊不透明，因此用肉眼观察刚采得的新鲜精液时，可看到精子因运动翻腾滚滚而如云雾状。精液浑浊度越大，云雾状越显著，越呈乳白色，表明精子密度和活率也越高。据此可初步判断精子密度和活率的高低。云雾状显著者可用“+++”表示，比较显著者可用“++”表示，不够明显者用“+”表示，而不呈现云雾状者则用“–”表示。马、猪的精液精子密度小，云雾状不显著，但如果采取猪的浓份精液，则其浑浊度和云雾状亦与牛、羊相似。

（五）pH

家畜新鲜精液 pH 一般为 7.0 左右，但因畜种、个体、采精方法不同以致精清的比例大小不一，而使 pH 稍有差异或变化。如牛、羊精液因精清比例较小呈弱酸性，pH 在 6.5 ~ 6.9；猪、马因精清比例较大略呈弱碱性，pH 为 7.4 ~ 7.5。

测定 pH 最简单的一种方法是使用 pH 试纸比色，目测即得结果；另一种方法是取精液 0.5 mL，滴上 0.05 mL 的溴化麝香兰，充分混合均匀后置于比色计上比色，从所显示的颜色便可测 pH。用电动比色计测定 pH 结果更为准确，但玻璃电极球不应太大，一次测定的样品量要少。现已有一次只需 0.1 ~ 0.5 mL 样品的微量 pH 计。

（六）杂质

杂质一般指在精液内混入的异物，如家畜的被毛、脱落上皮、生殖道的炎性分泌物及灰尘、纤丝、粪渣等。这些异物在精液内会阻碍精子的运动，易使精子集聚，炎性分泌物还严重影响精液品质。因此，如发现被毛、纤丝等应及时除去，被炎症污染的精液则应废弃。

二、显微镜检查法

（一）精子活力评定

精子活力是指精液中呈直线前进运动精子数占精子总数的百分率。精子活力可以直接反映精子自身的代谢机能，与精子受精力密切相关，是评价精液质量的一个重要指标。精子活力的评定一般在采精后，精液处理前、后和输精前均应进行检测。

检查精子活力需借助显微镜，放大 200 ~ 400 倍，放在 37 ~ 38℃显微镜恒温载物台上或保温箱内进行观察。马、驴、猪原精液或稀释后的保存精液，可以直接制片观察，但精液易干燥，检查速度应快。另外，还可应用具有恒温载物台的倒置显微镜，通过闭路电视装置显示精子图像，或通过显微镜投影法反映在银幕上，可以在放大条件下更好地同时由几个人进行较客观的评定。

评定精子活力多采用“十级评分制”，即按精子直线运动将视野中精子的估计百分比评为十个等级。100%前进者为 1.0 分，90%前进者为 0.9 分，以此类推。评定精子活力的准确度与经验有关，具有主观性，检查时应多计数几个视野，取其平均值。在观察过程中凡出现旋转、倒退或在原位摆动的精子，均应与前进运动的精子严格区别。

活率是精子活力的上限，测定活率可作为精子活力的补充。活率是指具有运动能力的精子占总精子数的百分比。一般可采用伊红（或刚果红）—苯胺黑染色涂片进行检查。死精子的头部在苯胺黑作背景的面上由伊红着色，活精子因其机能性的半透膜能防止色素侵入，故不着色。由此测得的结果比活力测定的百分率高，但二者高度相关，这是因为活的但不能前进运动的精子也不着色。

作为家畜的新鲜精液，活力一般在 0.7 ~ 0.8。奶牛一般比水牛高，驴比马高，猪浓份精液其活力与牛相似。为保证获得较高的受精率，液态保存精液活力一般在 0.5 以上，冷冻保存精液活力在 0.3 以上。

（二）精子密度评定

精子密度是指单位体积（mL）精液内所含有精子的数目。目前测定精子密度的主要方法有血细胞计数法、光电比色法等。

1. 血细胞计数法

这是对公畜精液做定期检查的一个方法，可以准确地测定每单位容积精液中的精子数，一般采用血细胞计数板进行。

（1）血球计数板概述

血球计数板由优质厚玻璃制成，每块计数板由 H 形凹槽分为 2 个同样的计数室，计数室两侧各有一个支持柱，将特制的专用盖玻片覆盖其上。形成高 0.1 mm 的计数室，计数室画有长、宽各 3.0 mm 的方格，分为 9 个大方格，每个大方格长、宽各 1.0 mm，面积 1.0 mm^2，体积为 0.1 mm^3。其中，中央大方格用双线分成 25（5×5）个中方格，每个中方格用单线划分为 16（4×4）个小方格；中央大方格共计 400 个小方格。

（2）精液的稀释

为了方便计数，精液注入计数室前要对原精液进行稀释，稀释的比例根据动物种类和直观估计精子密度的浓或稀确定，稀释液为 3% NaCl 溶液，通过高渗液将精子杀死，方便计数。稀释方法是：用微量移液器和 200 ~ 1 000 μL 移液器，在小试管中进行不同组合的稀释。先用移液器吸取 3% NaCl 溶液注入一支干净的试管中，再用微量移液器吸取原精液，用纸巾擦去外面的精液，将精液注入同一支试管中混合均匀。应该注意，猪精液的精子分布不均匀，而且静置后精子会发生沉淀，因此，取样前应轻轻摇动使精液混合均匀。猪的精液取样量也要大些。

一般同时做 2 次取样和稀释，进行平行测定，以保证测定的可靠性。

（3）将稀释后精液注入计数室

将计数板放在显微镜载物台上，把专用盖玻片盖在两个计数室上。把微量移液器更换上新的吸嘴，吸取 20 μL 稀释后的精液，将吸嘴尖端放于盖玻片边缘与计数板的接缝处，缓慢注入精液，使精液依靠毛细作用吸入计数室，直到计数室完全充满。静置 3 ~ 5 min 后，精液在计数室内稳定（停止流动、精子死亡并沉淀）后再进行计数。

（4）精子的计数

将计数板固定在显微镜载物台的推进器上，通孔对准计数室，先用 100 倍找到计数室的中央大方格，再用 400 倍找到计数室中央大方格的左上角的第一个中方格开始计数精子。为了降低计数的工作量，只是有代表性地计数中央大方格的 1/5 面积的总精子数，即左上角至右下角 5 个中方格或 4 个角和最中间的 5 个中方格的总精子数。为了避免重复计数，应遵循以精子的头部为准，数上不数下，数左不数右的原则计数头部在双格线上的精子。

（5）精液精子密度计算

精液精子密度 =5 个中方格总精子数 ×5×10×1 000× 稀释倍数。

5 个中方格总精子数乘以 5，可计算出 25 个中方格的总精子数，即 0.1 mm^3 中所含的精子数；再乘以 10，得到 1 mm^3 中所含的精子数；再乘以 1 000，计算出 1 cm^3 即 1 mL 中所含的精子数；再乘以稀释倍数得到 1 mL 原精液的精子数即精子密度。

例如：牛精液通过计数，5 个中方格总精子数为 258 个，原精液稀释了 101 倍，那么，精液精子密度 =258×5×10×1 000×101=13.029（亿 /mL）。

（6）用血球计数板测定精子密度应注意的事项

血球计数板是一种精密的装置，操作要求精细认真，否则就可能造成很大的误差。因此应做到：①血球计数板必须符合国家或专业标准。②要同时进行 2 个平行测定，如果 2 个测定结果误差超过 10%，要进行第 3 次测定；取接近的 2 个数值平均。③血球计数板用前要清洗和干燥，尤其是计数室和支持柱一定要干净，如有异物将会影响到计数室体积的精确性，清洗干燥后应放在显微镜下检查计数室是否有污渍和异物。④要使用专用盖玻片，注入稀释后精液时，一定要保证充满。

2. 光电比色法

世界各国现今以该方法普遍应用于牛、羊的精子密度测定。此法快速、准确、操作简便。光电比色法的原理是利用精液的透光性，精子密度越大，透光性就越差。测定前，将原精液稀释成不同倍数，用血细胞计算法计算精子密度，从而制成精液密度标准管，然后用光电比色计测定其透光度，根据透光度求每相差1%透光度的级差精子数，制成精子密度对照表备用。测定精液样品时，将精液稀释80 ~ 100倍，用光电比色计测定其透光值，查表即可得知精子密度。

3. 测量猪精子密度的精子密度杯测定法

河南省家畜繁殖专家张长兴等在2005年发明了精子密度杯，用以测定猪的精子密度，具有快捷、准确、操作简单的特点，且成本低廉，已受到业内的广泛认可。此发明已经获得国家专利。具体使用方法如下。

（1）注入稀释液（生理盐水）

用10 mL一次性注射器从医用生理盐水注射液瓶中吸取10 mL生理盐水，注入干净的精子密度杯中。也可用输液器向密度杯中注入生理盐水至10 mL刻度线处，以弧形液面与刻度线相切为准。

（2）注入原精液

根据视觉初步判断精液精子密度，可选择注入原精液0.5 mL、1 mL或2 mL，精液很浓的注入0.5 mL，一般的注入1 mL，较稀的注入2 mL。也可只选择注入一个固定的体积，即1 mL。取样时，要先轻轻摇动使精液混匀，再用移液器或注射器取样，然后将精液注入精子密度杯中。用拇指压紧密度杯口，上下颠倒4 ~ 5次，使精液与生理盐水充分混匀。

（3）观察读数

观察刻度时，要使眼睛与刻度线在一个水平面上，从上向下逐行观察刻度，以能看清所有字母E开口方向的最上一行的数值为刻度值。为了保证刻度判断的准确性，应保证足够强的光线，并使光线射向密度杯的正面，不能从密度杯的背面透射过来。

（4）精子密度值查对

查看精子密度对照表中的刻度值对应行与加入的原精液量的对应列，从而得到原精液的精子密度值。密度杯用完后应立即用蒸馏水冲洗后倒挂空干。不同设计的精子密度杯，查对照表将会不同，应注意查对照表要配套。

此外，还有利用细胞容量法、硫酸钡比浊法、电子自动显示计数器计数法、凝集试验法等方法测定精子密度。

（三）精子形态畸形率测定

精子形态畸形率是指精液中形态异常精子占总精子数的百分率，畸形率越高，则精液的质量越差。畸形率的高低受气候、营养、遗传、健康等因素的影响，因此，在后备公畜开始使用时，以及正常使用的种公畜每个季节都要进行畸形率测定。精子畸形率的测定步骤如下。

1. 制作抹片

为染色后便于观察，大多数动物原精液都要先用生理盐水稀释，稀释后精子密度大约在 1 亿 /mL，各种家畜精液稀释倍数可参照活力测定时的稀释方法。

载玻片用前浸泡在 95%的乙醇中，使用时取出。用纸巾擦干，放在片架上，取稀释后精液 10 μL 滴于载玻片的右侧中间，左手食指和拇指拿住载玻片的两端，使其保持水平，精液滴向上。右手用另一载玻片呈向右的 30° 角放在精液滴的左侧，略微向右移动，使精液进入两个载玻片的角缝中。然后，右手将上面的载玻片向左平稳地推送，使精液均匀地涂抹于下面的载玻片表面。抹片放在片架上自然干燥。

2. 精子固定与染色

（1）精子固定

抹片自然干燥后，在抹片上滴满 95%乙醇固定 5 min。

（2）精子染色

用于精子染色的染液种类很多，常用的染色剂有红墨水、纯蓝墨水、伊红染液、美蓝染液、龙胆紫染液等。染色前，先甩去抹片表面的乙醇，将载玻片放在片架上，等残留的乙醇完全挥发后，再滴上染色液（500 μL 左右），染色 5 ~ 7 min。

3. 冲洗抹片

完成染色后，要将抹片上的染色液冲净。最好用装有蒸馏水的洗瓶冲洗，以避免水中杂质黏附在载玻片上，影响检查结果。将载玻片倾斜，用很小的水流，轻轻冲净表面的染色液。

甩去载玻片表面的水分，自然干燥。

4. 形态观察与精子畸形率计算

将染色后的抹片固定在样本推进器上，用 400 倍或 640 倍观察。

在显微镜视野下可以看到，正常精子有一椭圆形的头和一条细长的尾，尾部自然弯曲或伸直。不正常的精子种类很多，分头部、颈部、尾部等类型的畸形。头部畸形包括头部瘦小、细长、缺损、双头等。颈部畸形包括膨大、纤细、带有原生质滴、双颈等。尾部中段畸形包括膨大、纤细、弯曲、曲折、带有原生质滴等。尾部主段畸形包括弯曲、曲折、缺损、带有原生质滴等。

精子形态畸形率既可以判断精液是否合格，又可对公畜饲养管理、遗传等情况做出初步评估。如头尾断裂的精子较多，主要原因是公畜曾受到热应激或发烧；尾部带原生质滴的精子较多，多因采精过频造成；其他畸形多因老化、疾病和遗传缺陷造成。

计数畸形精子时，要统计多个视野的全部精子，如果某个视野中存在多个精子相互挤在一起的情况，无法判断，可不观察此视野，用推进器调整到另一个视野观察。所观察各视野的总精子数不低于 200 个。最后计算所有视野畸形精子总和和所有视野精子总和，计算畸形率。

各种动物的正常精液精子畸形率标准如下：牛≤18%，水牛≤15%，羊≤14%，猪≤18%。

如果测定结果显示精子畸形率较高，首先应检查操作过程是否存在问题，必要时进行第2次测定，如果仍然不合格，精液不可用于输精。同时要查找原因，调整饲养管理方案，直到公畜精子畸形率低于上限标准。如果小公畜的精子畸形率超标，经改善饲养管理，3个月后仍没有改善，应将其淘汰。

（四）精子顶体异常率

精子的正常顶体内含有多种与受精有关的酶类，在受精过程中起着重要的作用，精子顶体是否正常与精子受精能力密切相关。顶体异常有顶体膨胀、缺损、部分脱落、全部脱落等。原精液顶体异常率，牛超过14%，猪超过4.3%，将会直接影响受精率。顶体异常的出现可能与精子发生过程和副性腺分泌物异常有关。新鲜精液体外保存时间过长，或遭受低温打击，精子的顶体异常率会显著增加。精液经过冷冻后顶体异常率变化更大，因此，冷冻精液顶体异常率上限定得较高，牛精子顶体异常率≤60%。

1. 顶体染色方法

（1）姬姆萨染色法

将精液制成抹片（方法参见精子形态畸形率测定），干燥后，在固定液（甲醇）中固定3～5 min，水洗后，用姬姆萨缓冲液染色1.5～2 h，水洗、干燥后用树脂封装，置于1 000倍以上显微镜油镜或相差显微镜下观察若干个视野200个以上精子，算出顶体异常率。

（2）改良巴氏染色法

在自然干燥的精子抹片上滴加1～2滴巴氏染液，染15 min即可。流水冲洗后自然风干，在显微镜油镜下观察精子形态。此法简单，但顶体边缘不够清晰。

2. 顶体异常率判断

根据精子顶体的状态可分为以下几个类型。

Ⅰ型：顶体完整的精子，外形正常，着色均匀，顶体边缘整齐。

Ⅱ型：顶体轻微肿胀，质膜（顶体膜）疏松膨大。

Ⅲ型：顶体破坏，精子质膜严重膨胀破损，着色浅，边缘不整齐。

Ⅳ型：顶体全部脱落，精子核裸露。

Ⅰ、Ⅱ型视为顶体完整；Ⅲ、Ⅳ型视为顶体不完整。

（五）精子存活时间和存活指数检查

精子的存活时间与精子保持受精能力的时间直接相关。同时也是鉴定稀释液和精液处理效果的一种方法。精子存活时间是指精子在体外总的生存时间，精子的存活指数是指平均存活时间，反映精子活力下降的速度。具体方法是，将稀释后的精液置于所需保存的温度下（如 2 ～ 4℃、17℃或 37℃），间隔一定时间检查一次活力，直到无活动精子为止（最后一个间隔时间按 1/2 累计入精子存活时间）。精子存活的总小时数为精子存活时间，而相邻两次检查的平均活力与间隔时间的积相加总和为精子生存指数。精子存活时间越长，指数越大，说明精子生活力越强。

（六）精子凝集度检查

精子凝集度检查一般与活力检查同时进行。采集的精液有时会发生精子凝集现象，有的头部聚集在一起，有的尾部聚集在一起。凝集精子即使没有死亡也不能前进运动，因此，凝集严重的精液必须废弃。

造成精子凝集的因素很多，精液接触到受化学污染的容器、手握法采精时手套受到污染、精液中混入尿液或包皮液、精液中含有睾丸及附性器官炎性渗出物都可导致精子凝集。如果精子发生凝集应分析凝集原因，避免用品和操作因素导致的凝集，如系公畜健康原因造成的，应进行治疗。

采集的精液如果凝集严重，活力低于标准，应将其废弃；如果凝集不严重，精子活力符合要求，可考虑做进一步处理。在保存过程中要密切注意凝集是否发展，如果不断加重，精液必须废弃。

第三节　精液的稀释

精液的稀释是指在精液中加入适宜精子存活并能保持其受精能力的稀释液。精液稀释的目的是扩大精液的容量，提高一次射精量的可配母畜头数；并通过降低精液的能量消耗，补充适量营养和保护物质，抑制精液中有害微生物的活动以延长精子寿命；同时便于精液的保存和运输。因此，精液的稀释处理是充分体现和发挥人工授精优越性的重要技术环节。

一、精液稀释液的主要成分及其作用

理想的稀释液，是根据精子的生理特点配制出来，并不断改进完善的。现行的稀释液一般含有多种成分，各成分又常常具有多重效能。

（一）稀释剂

稀释剂主要用于扩大精液容量。此类物质的剂量，必须保证稀释液与精液有相同或相似的渗透压。一般用来扩大精液量的物质有等渗的氯化钠、葡萄糖、蔗糖等。

事实上，在配制稀释液时不会单独加入某种物质作为稀释剂，而是由稀释液中的营养剂或保护剂结合承担的。

（二）营养剂

营养剂主要为精子体外代谢提供营养，补充精子消耗的能量。由于精子不具备贮备能源物质的条件，而代谢又只是单纯的分解作用，不能将外界物质通过同化作用转变为自身成分；因此，为了补充精子的能量消耗，只有使用最简单的能源物质，一般多采用单糖、奶类或卵黄等。这些营养物质中的一些成分能渗过精子膜进入细胞内，参与精子代谢，给精子提供外源能量，减缓内源物质的消耗，从而有助于延长精子在体外的存活时间。这些营养剂也兼有稀释剂的作用。

（三）保护剂

保护剂主要起保护作用，使精子免受各种不良外界因素的危害，可分为以下几种。

1. 缓冲物质

精子在体外不断进行代谢，随着代谢产物（乳酸和 CO_2 等）的累积，精液的 pH 会逐渐下降，甚至发生酸中毒，使精子不可逆地失去生活力。因此，需要在稀释液中加入适量的缓冲物质，以维持精液相对恒定的酸碱度。常用的缓冲物质有柠檬酸钠、磷酸二氢钾、三羟甲基氨基甲烷（Tris）等。其中 Tris 是一种碱性缓冲物质，对精子代谢酸中毒和酶活动反应具有良好的缓冲作用，近年来较常使用。

2. 非电解质

非电解质具有降低精清中电解质浓度的作用。精清中电离度很高，生理上具有激发精子活动的作用，有利于精子和卵子的受精。精子代谢和运动的加快必然导致精子早衰，同时因精子脂蛋白膜的破坏，使精子失去电荷而凝集，不利于精液保存。这需要向稀释液中加入适量的非电解质或弱电解质，以降低精清中的电解浓度。一般常用的非电解质或弱电解质有各种糖类、氨基乙酸等。

3. 防冷刺激物质

防冷刺激物质具有防止精子冷休克的作用。在保存精液时，常常需要进行降温处理，尤其是从 30℃急剧降温至 10℃以下时，由于冷刺激，会使精子遭受冷休克而丧失活力。这是因为精子体内的缩醛磷脂熔点高，低温下容易凝结，进而妨碍精子的正常代谢，造成不可逆的变性而死亡。在低温保存稀释液中需要添加防冷休克的物质，其中以卵磷脂的效果最好。卵磷脂的熔点低，在低温下不易冻结，进入精子体内后，可以替代缩醛磷脂保障代谢的正常进行，从而维持精子的生存。此外，脂蛋白以及含磷脂的脂蛋白复合物，亦有类似卵磷脂防止冷休克的作用。以上这些物质均存在于奶类和卵黄中，奶类和卵黄是常用的精子防冷刺激物质。

4. 抗冻物质

抗冻物质具有抗冷冻危害的作用。精液在冷冻保存过程中，精子内外环境的水分，必将经历由液态到固态的转化过程，这种物态转化对精子的存活极为有害，而抗冻物质有助于减轻或消除这种危害。一般常用甘油和二甲基亚砜（DMSO）作为抗冻剂。

5. 抗菌物质

在采精过程中，即便严格遵守操作规程，也很难做到不遭受某些有害微生物的污染，而精液和稀释液都是营养丰富的物质，是细菌微生物滋生的适宜环境。这些微生物的污染，不仅直接影响精子的生存，而且是引起母畜生殖道感染、不孕和早期胚胎死亡的原因之一；因此在稀释液中有必要加入一定数量的抗菌物质。常用的抗菌物质有青霉素、链霉素和氨苯磺胺等。近年来，数种广谱抗生素和磺胺类药物如卡那霉素、林肯霉素、多黏菌素、氯霉素等应用于精液的稀释保存，取得较好的效果。

（四）其他添加剂

其他添加剂主要用于改善精子外在环境的理化特性，以及母畜生殖道的生殖机能，以利于提高受精机会，促进合子发育。

1. 酶类

如过氧化氢酶具有能分解精子代谢过程中产生的过氧化氢，消除其危害以提高精子活率的作用；β 淀粉酶具有促进精子获能的作用。

2. 激素类

如催产素、前列腺素 E 型等，具有促进母畜生殖道蠕动，有利于精子运行。

3. 维生素类

如维生素 B_1、维生素 B_2、维生素 B_{12}、维生素 C、维生素 E 等，具有提高精子活率的作用。

4. 其他添加成分

如 CO_2、乙酸、植物汁液等可以调节稀释液的 pH，有利于常温精液的保存；乙二胺四乙酸盐、乙烯二醇、亚碲酸钾、聚乙烯吡咯烷酮等具有保护精子的作用；ATP、精氨酸、咖啡因、氯丙嗪等具有提高精子保存后活率的作用。

二、稀释液的种类

根据稀释液的性质和用途不同，稀释液可以分为以下四类。

一是现配现用稀释液。适宜于采精后立即稀释输精，以单纯扩大精液容量、增加输精母畜头数为目的。此类稀释液配方简单，通常以糖类或奶类为主体，不宜进行保存。

二是常温保存稀释液。适用于精液在常温下短期保存，以糖类和弱酸盐为主体，pH 偏低（弱酸性）。

三是低温保存稀释液。适用于精液低温保存，以含奶类或卵黄为主体，具有抗冷休克的特点。

四是冷冻保存稀释液。适用于精液冷冻保存，以卵黄、甘油为主体，具有抗冻的特点，同时还有配套的解冻液。

三、稀释液的配制要求

（一）用品要求

用于配制稀释液的用品受到任何生物、化学污染，都会危害精子的存活。因此，凡与蒸馏水、药品、稀释液接触的用品都必须符合卫生要求。用于配制稀释液的玻璃容器使用前都必须用中性洗涤剂清洗、自来水冲净，用蒸馏水反复冲洗，烘干水分后，用牛皮纸包裹或封口，放入干燥箱 100 ~ 150℃干燥消毒 1 h。

磁力搅拌器的磁珠清洗后，应放入三角瓶中，用牛皮纸封口后 100℃干燥消毒 1 h。牛皮纸封口的目的是防止消毒后的用品二次污染，这样有利于大宗玻璃、金属用品同时消毒，分批使用，减少工作量。

（二）药品要求及其称量要求

第一，用于配制稀释液的药品纯度必须达到分析纯以上。

第二，药品应在棕色玻璃瓶或塑料瓶中密封保存，以防受到污染或因暴露在空气中变质、风化或吸潮。

第三，用于舀取药品的匙子一般应为塑料或牛角材料，按程序清洗干净，烘干，存放于无菌的自封口塑料袋中，并做好标记。最好一药一匙，避免混用造成交叉污染甚至发生化学反应。

第四，要用专用商品称量纸（硫酸纸）称量药品，同样要求专用，根据称量量将称量纸剪成需要的尺寸，折成梯形槽，折叠时注意手不要接触到放药品的区域。用完后，可将称量纸放于无菌的自封口塑料袋中，并做好标记。

第五，根据药品称量量选择适合的电子天平或分析天平，天平箱内应放变色硅胶干燥剂，以保证称量吸潮性药品的准确性。

第六，甘油、乙二醇等黏滞性大的液状药品，可用一次性注射器吸取，也可按其比重用称量的方法量取。不能使用量筒量取。

（三）蒸馏水的要求与量取方法

蒸馏水的量取必须保证：①蒸馏水是新鲜的。②量取过程蒸馏水不受污染。③量取准确，误差最好不超过 0.2%。要达到此目的必须做到以下方面。

1. 使用新鲜的蒸馏水或超纯水

蒸馏水或超纯水自生产出来就存放在容器中，其导电率、pH 及微生物数量都在发生着变化，因此，蒸馏水或超纯水存放时间越短越好，尤其是那些配制过程不经过滤和消毒的稀释液要求更为严格。

2. 选用玻璃放水瓶或优质无毒塑料桶盛放蒸馏水

盛放蒸馏水前，必须对容器进行认真清洗和消毒处理；不能进行干燥消毒的用品（如塑料桶），可洗净后，先用蒸馏水冲洗 3 次，再用 75% 的医用酒精冲洗 1 次，倒扣烘干，待酒精完全挥发，用蒸馏水冲洗 2 ～ 3 次后，再用来盛放蒸馏水。以后每 3 个月用蒸馏水反复洗刷一次。

3. 蒸馏水容器的龙头必须保证不会受到任何污染

用于配制精液稀释液的放水瓶，其放水龙头最好用无菌的塑料罩瓶罩住。放水管最好是耐老化、安全无毒的硅胶管。

4. 用称重的方法量取蒸馏水

传统方法是用量筒或量杯量取蒸馏水。由于水的密度为 1 g/mL，因此用电子秤或电子天平称取更为方便：①避免了蒸馏水在容器间转移可能存在的污染和转移不净的问题。②量取更准确。称量值较大时，可选用感量为 1 g 的电子秤或感量为 0.1 g 的电子天平。③称量值较小的必须选用感量为 0.1 g 的电子天平。其最大称量值应比容器重 + 最大称重的和大一倍左右。如配制猪精液稀释液的电子秤的最大称量值为 3 000 g。

称取蒸馏水时，应先放出约 10 mL 蒸馏水到罩瓶中，以冲洗放水龙头，接着旋下罩瓶，将罩瓶中的蒸馏水倒掉。然后将配液用的容器（如三角瓶）放在电子天平上，除皮（清零）后，再放入蒸馏水至需要的质量。

（四）蒸馏水的制取

人工授精实验室最好能自制蒸馏水，以保证随制随用，保持新鲜。常用单蒸、双蒸纯水蒸馏器来制取蒸馏水。普通蒸馏器使用中烧瓶中容易结大量水垢，导致蒸馏器必须定期拆开清洗并重新安装。向烧瓶中供应蒸馏用水或将饮用纯净水泵入烧瓶中（多余部分流回纯净水桶中），使蒸馏器实现了免清洗，既降低了工作量，也提高了蒸馏水的产量和质量。

（五）稀释液及各种成分的消毒或除菌

1. 免消毒的稀释液

在配制免过滤和消毒的稀释液，如猪的常温保存稀释液时，稀释粉必须是由高纯度无菌原料混合而成，蒸馏水、配液容器也必须是无菌的。

2. 用相对稳定的药品配制的稀释液的消毒

由葡萄糖、蔗糖、柠檬酸钠、磷酸盐等配成的基础液过滤后，可用加热至沸腾立即降温的方法消毒；也可以用高压灭菌锅加热至120℃左右，切断电源，自然降温。

3. 用不耐高温成分配制的稀释液的消毒

（1）鲜奶类

应在水浴中加热至92 ~ 95℃，维持10 min，并不断搅拌，静置5 ~ 10 min，采用虹吸或其他方法，吸取液面下的奶液（脱脂奶液）。商品奶粉多为配方奶粉，一般不用于配制稀释液。

（2）易分解变性物质

对含有高温加热容易分解的成分（如碳酸氢钠）的稀释液，可用0.22 μm的水性滤膜过滤除菌。

4. 甘油等防冻剂

将瓶盖拧松，用120℃高压灭菌降温后，拧紧瓶盖保存在冰箱中。也可用0.22 μm水性滤膜过滤除菌。

5. 卵黄的添加

卵黄必须来自健康家禽所产的新鲜蛋（最好是鸡蛋）。卵黄不能消毒，必须在采精前才抽取卵黄液加入降至室温后的基础液中。

6. 抗生素、酶类、激素、维生素的添加

这类添加剂必须在稀释液冷却至室温时，按用量用电子天平称量或用移液器定量加入。

四、稀释倍数和稀释方法

（一）稀释倍数的表示方法

规范的稀释倍数表示方法是1份的原精液加入N份的稀释液混合称之为稀释N倍，或1∶N稀释。那么，稀释后体积为原精液的$N+1$倍，精子密度则为原精液的$1/(N+1)$。如1份原精液，加入1份稀释液，称为1倍稀释，或1∶1稀释，稀释后体积为原精液的2倍，精子密度为原精液的1/2。有的资料中将稀释后体积是原精液的倍数称之为稀释倍数，需加以注意。

（二）稀释倍数的确定

精液稀释的倍数受以下因素影响。

1. 原精液的品质

原精液的品质包括精子密度和精子活力，在输精要求一定的情况下，二者的乘积（即有效精子密度）越高，可以稀释的倍数越高。

2. 稀释液种类和保存方法

低温保存和冷冻保存，稀释后精子密度可以高些，如常温保存则稀释后精子密度就不宜过高，以免精子代谢产物浓度提高过快。

3. 输精要求或输精剂型不同

每头份精液的有效精子数和容积决定了稀释后精液的有效精子密度，从而影响到稀释的倍数。在原精液质量、每头份有效精子数确定的情况下，每头份精液容积越大，则稀释倍数越大。

牛的颗粒冻精每剂体积 0.1 mL，解冻后有效精子数 1 200 万个，一般稀释 2 ~ 4 倍；而采用细管冻精，每剂体积为 0.25 mL（有效容量不低于 0.18 mL），解冻后有效精子数不低于 800 万个，一般稀释 5 ~ 10 倍。绵羊、山羊多采用高密度和低剂量输精，一般稀释 2 ~ 4 倍；鸡精液同样采用低剂量高密度输精，一般采用 1 ~ 2 倍稀释。马、驴精液一般稀释 2 ~ 3 倍；猪精液输精要求多采用剂量 80 ~ 120 mL，总精子数 30 亿 ~ 50 亿，一般稀释 5 ~ 9 倍。

（三）稀释倍数的计算

确定一个较为适宜的稀释倍数，既能充分发挥公畜的配种效能，又有利于精子的保存。

1. 牛、羊、马、驴等家畜精液稀释倍数的计算

最大稀释倍数（N）= 原精液有效精子密度 / 稀释后有效精子密度 −1=$X/Y-1$

X = 原精液精子密度 × 原精液精子活力

Y = 每头份应输入的有效精子数 / 每头份应输入的精液容积

2. 猪精液稀释后总体积的计算

猪的输精要求中一般并不按有效精子数计算，而是在原精液活力不低于 0.6 的前提下，按每个输精头份总精子数、输入精液的容积计算原精液稀释后可分装的份数和稀释后总体积。

总精子数 = 原精液体积（或质量）× 原精液精子密度

可分装份数 = 总精子数 ÷ 每头份精液的精子数（取整数部分）

精液稀释后总体积（或质量）= 可分装份数 × 每份精液的体积（或质量）

猪保存精液输精前基本要求：活力不低于 0.5（原精液活力不低于 0.6），每份精液体积 80 ~ 120 mL，每头份精子数：猪场为 40 亿 ~ 50 亿，配种站为 30 亿。

注意：猪的精液最大稀释倍数一般不能超过 9 倍，即稀释后总体积不能超过原精液的 10 倍，如果计算的总体积超过原精液的 10 倍，应按 9 倍稀释。

（四）精液的稀释

1. 精液采集后应尽快进行稀释

原精液采集后降温和不降温都对精子存活不利。降温，由于没有低温保护剂，容易发生冷休克；不降温，较高温度精子代谢很快，加上精子密度高，精子很快衰竭和发生代谢产物中毒。所以以最快的速度检查精液品质，并尽快稀释就显得十分重要。有时，检查活力后，立即进行密度测定取样，在没有确定精子密度的情况下，就先进行 1∶1 稀释，等密度测定结果出来后，再将剩余的稀释液加入精液中，完成稀释。

2. 稀释液要与精液等温

稀释时，稀释液的温度和精液的温度应尽可能一致，牛、羊的射精量较小，采集的精液易受到环境温度的影响，因此，一般先将配制好的稀释液放在 30 ~ 33℃的水浴中，然后再去采精。采到的精液应尽快放入同一水浴中，以免温度继续下降。精液品质检查的过程，同时也是精液与稀释液等温的过程。

3. 稀释时应将稀释液加入精液中

稀释时，应将稀释液沿容器内壁缓慢加入精液中，不要从高处倒下以免形成冲击，混合可用无菌玻璃棒轻轻搅动或轻轻摇动容器，应避免剧烈震荡。

4. 高倍稀释应分次进行

一般 10 倍以上的稀释，称为高倍稀释。应先进行低倍稀释 [1∶（1 ~ 4）], 0.5 h 后再进行第二次稀释。同样要求等温稀释。

5. 稀释后检查活力

稀释后 5 min 左右，应检查一次精子活力，确认精子活力没有下降，才可进行分装。

第四节　精液的保存

一、精液的液态保存

精液保存的目的是延长精子的存活时间并维持其受精能力，便于长途运输，扩大利用范围，增加受配母畜头数，提高优良种公畜的配种效能。

现行的精液保存方法可分为常温（15 ~ 25℃）保存、低温（0 ~ 5℃）保存和冷冻（–196 ~ –79℃）保存 3 种。前两者的保存温度都在 0℃以上，以液态形式作短期保存，故又称为液态保存；后者保存温度在 0℃以下，以冻结形式作长期保存，故也称为固态保存。无论哪种保存形式，都是以抑制精子代谢活动、降低能量消耗、延长精子存活时间而不丧失受精能力为目的。目前用来抑制精子代谢活动的途径有：

①使保存精液与空气隔绝，使精子处于缺氧环境。②加入适宜成分，为精子创造弱酸环境。③降低温度，造成抑制精子活动的低温环境。④加入适量抗生素，抑制细菌繁殖。⑤加入适量营养及保护物质，补充能量，延长精子寿命。

从目前精液保存的方法来看，精液的冷冻保存效果较为理想，但当前只有牛的冷冻精液在生产上应用最为广泛，其他动物的冷冻精液受胎率较低，尚未广泛应用于生产。因此，精液的液态保存仍具有重要的现实意义。

（一）常温保存

常温（15 ~ 25℃）保存是将精液保存在一定变动幅度的室温下，所以亦称变温保存或室温保存。常温保存所需的设备简单，便于普及推广，特别适宜于猪精液的保存。

1. 原理

常温保存主要是利用一定范围的酸性环境抑制精子的活动，或用冻胶环境来阻止精子运动，以减少其能量消耗，使精子保持在可逆的静止状态而不丧失受精能力。常温有利于微生物生长，因此，还要用抗菌物质抑制微生物对精子的有害影响。此外，加入必要的营养和保护物质，隔绝空气，也会有良好作用。

精子在一定范围的酸性环境是可逆性抑制，通常将 pH 调整到 6.35 左右。为使稀释液的 pH 达到所需范围，通常采取 3 种方法：①向稀释液中充入 CO_2，如伊利尼变温稀释液（IVT）。②利用精子本身在代谢中产酸，自行调节 pH，如康奈尔大学稀释液（CUE）。③向稀释液中加入有机酸，如已酸稀释液及一些植物汁液如椰汁稀释液。

2. 常温保存稀释液

（1）猪精液常温保存稀释液

猪精液在 17℃下保存效果最适宜。由于保存时间不同，稀释液可分为不同种类。采精后立即输精的，可不稀释；1 d 内输精的，可用一种稀释液稀释。如果需要保存 1 ~ 2 d 的，可用两种稀释液稀释；如果需要保存 3 d 以上的，可用 IVT 等综合稀释液稀释（见表 2-2）。

表 2-2　猪精液常温保存稀释液

成分		葡萄糖液	葡萄糖、柠檬酸钠液	氨基乙酸卵黄液	葡萄糖、柠檬酸钠、乙二胺四乙酸液	蔗糖、奶粉液	IVT	葡萄糖、碳酸氢钠、卵黄液	葡－柠－碳－乙－卵黄液
基础液	二水柠檬酸钠 /g	—	0.5	—	0.3	—	2	—	0.18
	碳酸氢钠 /g	—	—	—	—	—	0.21	0.21	0.05
	氯化钾 /g	—	—	—	—	—	0.04	—	—

续表

成分		葡萄糖液	葡萄糖、柠檬酸钠液	氨基乙酸卵黄液	葡萄糖、柠檬酸钠、乙二胺四乙酸液	蔗糖、奶粉液	IVT	葡萄糖、碳酸氢钠、卵黄液	葡-柠-碳-乙-卵黄液
基础液	葡萄糖 /g	6	5	5	—	—	0.3	4.29	5.1
	蔗糖 /g	—	—	—	—	6	—	—	—
	氨基乙酸 /g	—	—	3	0.1	—	—	—	—
	乙二胺四乙酸 /g	—	—	—	—	—	—	—	0.16
	奶粉 /g	—	—	—	—	5	—	—	—
	氨苯磺胺 /g	—	—	—	—	—	0.3	—	—
	蒸馏水 /mL	100	100	100	100	100	100	100	100
稀释液	基础液（容量）/%	100	100	70	95	96	100	80	97
	卵黄（容量）/%	—	—	30	5	—	—	20	3
	10%安钠咖（容量）/%	—	—	—	—	4	—	—	—
	青霉素 /（$IU \cdot mL^{-1}$）	1 000	1 000	1 000	1 000	1 000	1 000	1 000	1 000
	双氢链霉素 /（$\mu g \cdot mL^{-1}$）	1 000	1 000	1 000	1 000	1 000	1 000	1 000	1 000

注：通入 CO_2 使 pH 达到 6.35。

（2）马、绵羊精液常温保存稀释液

马、绵羊精液用含有明胶的稀释液，在 10 ~ 14℃下呈凝固状态保存，可得到良好效果。保存绵羊精液达 48 h 以上，马精液在 120 h 以上，活率为原精液的 70%。葡萄糖、甘油、卵黄稀释液和马奶稀释液分别在 12 ~ 17℃、15 ~ 20℃，可保存精液 2 ~ 3 d。

3. 常温保存方法

常温保存通常采用隔水降温方法处理，先将精液与稀释液在 30℃同温下，按一定比例混合后，分装在贮藏瓶内，密封后放入 30℃温水容器内，然后连同容器放进 15 ~ 25℃恒温箱内保存。也可将贮精瓶直接放在室内、地窖或自来水中保存。

（二）低温保存

低温保存是将精液稀释后，置于 0 ~ 5℃环境保存，一般保存效果比常温保存时间长。

1. 原理

低温保存是通过降低温度，使精子的代谢活动减慢，当温度降至 0 ~ 5℃时，精子的代谢较弱，几乎处于休眠状态。因此，可以利用低温抑制精子活动，降低其代谢和能量消耗，抑制微生物生长，同时加入必要的营养和其他成分，并隔绝空气，以达到延长精子存活时间的目的。精液在低温保存一定时期内，当温度回升后精子又逐渐恢复正常代谢机能并维持其受精能力。

精子对冷刺激敏感，特别是体温急剧降温至 10℃以下时，会使精子发生不可逆的冷休克现象。为此，除在稀释液中加入卵黄、奶类等抗低温物质外，一定要采取缓慢降温的方法，并维持低温保存期间内的温度恒定不变。

2. 低温保存的稀释液

（1）牛精液低温保存的稀释液

该方法适宜于牛精液低温保存的稀释液很多，在 0 ~ 5 ℃下有效保存期可达 7 d，可作高倍稀释。

（2）猪精液低温保存的稀释液

猪的浓份精液或离心后的精液，可在 5 ~ 10℃下保存 3 ~ 7 d 并保持正常受胎率。

（3）马和绵羊精液低温保存的稀释液

马、绵羊精液的低温保存，由于精液本身特性，以及季节配种的影响，精液保存效果比其他家畜差，故在生产中的应用并不普遍。绵羊精液保存有效时间不超过 1 d，绵羊和马精液低温保存的稀释液见表 2–3。

表 2–3　绵羊和马精液低温保存的稀释液

成分		绵羊			马		
		柠檬酸钠、氨基乙酸液	奶、卵黄液	奶粉、葡萄糖、卵黄液	葡萄糖、酒石酸钾钠、卵黄液	奶、卵黄液、马奶	柠檬酸钠、碳酸氢钠、乙二胺四乙酸
基础液	二水柠檬酸钠 /g	2.8	2.7	—	—	—	—
	葡萄糖 /g	0.8	—	—	7	5.76	7
	氨基乙酸 /g	—	0.36	—	—	—	—
	酒石酸钾钠 /g	—	—	—	—	—	—
	马奶 /g	—	—	—	—	—	—
	奶粉 /g	—	—	10	10	—	—
	蒸馏水 /mL	100	100	100	100	100	100
稀释液	基础液（容量）/%	80	100	90	92	95	95

续表

成分		绵羊			马		
		柠檬酸钠、氨基乙酸液	奶、卵黄液	奶粉、葡萄糖、卵黄液	葡萄糖、酒石酸钾钠、卵黄液	奶、卵黄液、马奶	柠檬酸钠、碳酸氢钠、乙二胺四乙酸
稀释液	卵黄（容量）/%	20	—	10	8	5	5
	青霉素 /（IU · mL^{-1}）	1 000	1 000	1 000	1 000	1 000	1 000
	双氢链霉素 /（μg · mL^{-1}）	1 000	1 000	1 000	1 000	1 000	1 000

3. 低温保存方法

精液进行低温保存时，应采取逐步降温的方法，从 30℃降至 0 ~ 5℃时以每分钟降 0.2℃，用 1 ~ 2 h 完成降温过程为好，以防冷休克的发生。稀释后的精液按输精剂量分装到贮精瓶中，加盖密封，包以数层棉花或纱布，并裹以塑料袋防水，然后将其置于 0 ~ 5℃低温环境中。在保存过程中，要维持温度的恒定，防止升温。

低温保存所使用的冷源最理想的是冰箱，也可将冰块放入广口保温瓶内代替。将贮精瓶按上述方法处理后置于冰块之上，盖紧瓶盖。使用该法保存精液时应注意及时补充冰块，以维持瓶内温度的恒定。

低温保存的精液在输精前要进行升温处理。升温的速度对精子影响较小，一般可将贮精瓶直接投入 30℃温水中升温即可。

（三）冷冻精液解冻后的液态保存

牛冷冻精液解冻后的液态保存，对无种畜，又缺少冷冻容器和冷源的地区有特殊的实用性。

为延长冷冻精液解冻后的精子存活时间及其受精能力，国外有人通过提高牛冷冻精液的精子密度，于解冻后再稀释，经 4 ~ 8 h 保存后用于输精，每次输入 500 万精子数，其受胎率正常。也有人利用含有 1.5%浓度的二硫化丙基硫胺素（TPD）牛精液稀释液，保存解冻后的牛冷冻精液，经 24 h 后精子活率几乎没有降低。

（四）液态精液的运输

为了扩大公畜精液的利用范围、解决母畜不便到人工授精站配种的问题、杜绝疾病传播和进行畜群血液更新等，精液运输就成为保证人工授精顺利进行不可缺少的一个环节。液态精液运输时应该注意下列事项。

第一，按规定进行精液的稀释和保存。运输的精液应附有详细的说明书，标明站名、公畜品种和编号、采精日期、精液剂量、稀释液种类、精子活率和密度等。

第二，包装应妥善严密，要有防潮、防震衬垫，包装工具可用精液保温箱、广口保温瓶、冰匣以及其他工具等。

第三，运输过程中，必须保持温度的稳定，切忌温度变化。

第四，尽量避免在运输过程中剧烈震动和碰撞。

二、精液的冷冻保存

精液冷冻保存是利用液氮（–196℃）、干冰（–79℃）或其他制冷设备作为冷源，将精液经过特殊处理后，保存在超低温下，以达到长期保存的目的。

精液冷冻保存是人工授精的一项重大技术突破。它解决了精液的长期保存问题，使精液不受时间、地域和种畜生命的限制，便于开展省际、国际之间的协作交流，极大限度地提高了优良公畜的利用率，加速了品种的育成和改良步伐。同时，制作冷冻精液已实现了自动化生产，人们已经建立了动物精液基因库。利用精液冷冻保存技术将濒危珍稀物种和优良家畜品种的精液进行保存，从而有利于生物品种和多样性的长期可持续利用。精液的冷冻保存还有力地推动了家畜繁殖新技术在生产上的应用。

（一）精液冷冻保存的原理

精液经过特殊处理后保存在超低温下，完全抑制了精子的代谢活动，使精子生命在静止状态下保存下来，一旦升温又能复苏而不丧失受精能力。

（二）冷冻保存稀释液

冷冻精液稀释液应具有保护精子免受或减少冻害的作用，其成分依不同家畜种类而异。冷冻精液稀释液的主要成分与一般低温保存稀释液的成分基本一致，只是再加入了一定量的抗冻物质而已。公牛精液常用冷冻保存稀释液见表 2–4。

表 2–4　公牛精液常用冷冻保存稀释液

成分		乳糖、卵黄甘油液	蔗糖、卵黄甘油液	葡萄糖、卵黄甘油液（Ⅰ液）	葡萄糖、柠檬酸钠、卵黄甘油液（Ⅱ液）	蔗糖、奶粉液	解冻液
基础液	蔗糖 /g	—	12	—	—	—	—
	乳糖 /g	11	—	—	—	—	—
	葡萄糖 /g	—	—	7.5	3.0	—	—
	二水柠檬酸钠 /g	—	5	5	1.4	—	2.9
	蒸馏水 /mL	100	100	100	100	100	100

续表

成分		乳糖、卵黄甘油液	蔗糖、卵黄甘油液	葡萄糖、卵黄甘油液（Ⅰ液）	葡萄糖、柠檬酸钠、卵黄甘油液（Ⅱ液）	蔗糖、奶粉液	解冻液
稀释液	基础液（容量）/%	75	75	70	80	86	—
	卵黄（容量）/%	20	20	20	20	—	—
	甘油（容量）/%	5	5	5	—	14	—
	青霉素 /（$\mathrm{IU \cdot mL^{-1}}$）	1 000	1 000	1 000	1 000	—	—
	双氢链霉素 /（$\mathrm{\mu g \cdot mL^{-1}}$）	1 000	1 000	1 000	1 000	—	—
适用剂型		颗粒	颗粒	颗粒	细管	细管	颗粒

注：取Ⅰ液 86 mL 加入甘油 14 mL 即为Ⅱ液。

（三）精液冷冻保存技术程序

1. 采精及精液品质检查

精液冷冻效果与精液品质密切相关。用作冷冻的公畜精液，品质应比较优良，活率高、密度大。一般原精活力在 0.8 级以上，密度中等以上效果最好。

2. 精液的稀释

根据冻精的种类、分装剂型不同，所采用的稀释液、稀释倍数、稀释次数也不一样，一般多采用一次或二次稀释法，三次稀释法很少应用。

（1）一次稀释法

常用于颗粒冻精。将含有甘油、卵黄等的稀释液按一定比例加入精液中，适合于低倍稀释。

（2）二次稀释法

为避免甘油与精子接触时间过长而造成对精子的危害，采用二次稀释法效果较好。首先，用不含甘油的稀释液（Ⅰ液）对精液进行最后稀释倍数的半倍稀释，然后把该精液连同Ⅱ液一起经 1 h 缓慢降温至 0 ~ 5℃，并在此温度下作第二次稀释。

3. 降温和平衡

降温是指精液稀释后由 30℃以上温度，经 1 ~ 2 h 缓慢降温至 0 ~ 5℃，以防低温打击。平衡是指降温后继续在 0 ~ 5℃的环境中停留 2 ~ 4 h，使甘油充分渗入精子内部，起到抗冻作用。

4. 精液的分装

冷冻精液常采用颗粒、细管两种分装方法。

（1）颗粒冻精

将平衡好的精液直接滴在经液氮制冷的金属网或塑料板上，冷冻后制成0.1 ～ 0.2 mL 的颗粒。颗粒冻精曾在牛精液冷冻中广泛应用，现多用于猪、马、绵羊及野生动物的冻精剂型，具有成本低、制作方便等优点，但不易标记，解冻麻烦，易受污染。

（2）细管冻精

把平衡后的精液分装到塑料细管中，细管的一端塞有细线或棉花，其间放置少量聚乙烯醇粉（吸水后形成活塞），另一端封口，冷冻后保存。细管的长度约 13 cm，容量有 0.25 mL、0.5 mL 或 1.0 mL 剂型。现在生产中牛的冻精多用 0.25 mL 剂型。细管冻精具有不受污染、容易标记、易贮存、适宜于机械化、自动化生产等特点，是最理想的分装方法。

5. 精液的冻结

（1）颗粒冻精

在广口液氮瓶上安装铜纱网（或聚四氟乙烯凹板），调至距液氮面 1 ～ 3 cm，预冷几分钟后，使纱网或氟板附近温度达 –130 ～ –80℃，将精液均匀地滴在铜纱网上，2 ～ 4 min 后，待精液颗粒充分冻结，颜色变浅时，用小铲轻轻铲下颗粒冻精，每个纱布袋中装入 50 ～ 100 粒，沉入液氮保存。

（2）细管冻精

可采用液氮浸泡法，把分装好的精液细管密集竖直排列于特制的细管冷冻筐内，放入液氮容器内逐渐浸入液氮中，用计算机精确控制浸入液氮的速度，完成冷冻过程。这种方法启动温度低，冷冻效果好，大大减少了液氮消耗量，简化了冷冻精液生产工艺流程。

6. 冻精解冻与检查

冻精解冻是验证精液冷冻效果的一个必要环节，也是输精前必须进行的工作。方法有低温（0 ～ 5℃）解冻、温水（30 ～ 40℃）解冻和高温（50 ～ 70℃）解冻等。实践证明，温水解冻法，特别是 38 ～ 40℃解冻效果最好。

细管冻精可直接投放在温水中解冻，待冻精融化后即可取出备用。

颗粒冻精解冻时需使用解冻液。解冻时取一小试管，加入 1 mL 解冻液，放在盛有温水的烧杯中，当与水温相同时，取一粒冻精于小试管内，轻轻摇晃使冻精融化。常用解冻液为 2.9%的柠檬酸钠溶液。

解冻后进行镜检并观察精子活力，活力在 0.3 级以上者才能用于输精。

7. 冻精的贮存与运输

冻结的颗粒、细管精液，经解冻检查合格后，即按品种、编号、采精日期、型号分别包装，做好标记，转入液氮罐中贮存备用。目前，冻精的贮存多采用液氮作为冷源。

（1）液氮及其特性

液氮是空气中的氮气经压缩、分离形成的一种无色、无味、无毒的液体，沸点温度为 -195.8℃。在常温下，液氮沸腾，吸收空气中的水汽形成白色烟雾。液氮具有很强的挥发性，当温度升至 18℃时，其体积可膨胀 680 倍。此外，液氮是一种不活泼的液体，渗透性差，无杀菌能力，但是 -196℃的超低温可使多数细菌、病毒停止繁殖。

（2）液氮容器

液氮容器包括液氮贮存容器和液氮贮运容器，前者为专门保存冻精用，后者为贮存和运输液氮用。当前冷冻精液专门使用的液氮罐型号有很多，但其基本结构都相同。

内外壳体：液氮罐由内外两层壳体组成，一般采用铝合金制造。

内槽：液氮罐内胆中的空间。内槽底部有底座，供固定提筒用，液氮、提筒和冻精都置于内槽中。

夹层：液氮罐内外壳体间的空隙，为高真空状态。为了增进罐体的高绝热性能，夹层中还装有活性炭、硅胶等绝热材料和吸附剂。

颈管：以绝热黏剂将罐内外壳体连接而成的长管。

罐盖：由绝热性能良好的塑料制成，具有减少液氮蒸发和固定贮精提筒手柄的功能。

提筒：置于罐体内，其底部有多个小孔，以便液氮渗入其中。提筒用于贮存细管、颗粒等各种剂型冻精。

液氮罐是比较精密的容器，它主要靠保持真空和减少导热而维持其正常超低温冷藏功能。为了发挥液氮罐的正常功能和保证安全，应注意正确使用和保养。检查液氮容器是否完好无损的最简单的方法是触摸盛有液氮的容器盖，感觉它的温度是否低于室温，是否有水蒸气或霜生成。若温度与室温相近，说明质量上乘；若低于室温或出现凝结水蒸气，则质量已下降；若出现结霜，则说明该容器已损坏，必须立即更换，以免导致液氮快速挥发，贮存的精液报废。同时，性能正常的液氮容器，也要定期检查液氮的消耗情况，当液氮减少 2/3 时需及时补充。

精液的保存和运输是紧密配合的，只有精液得到有效的保存，才可能进行长距离的运输。精液的包装应妥善严密，要尽量避免高温和剧烈的震动与碰撞。

第五节　输精

输精是人工授精的最后一个技术环节。适时地把一定数量的优质精液准确地输送到发情母畜生殖道内的适当部位，并在操作过程中防止污染，是保证人工授精具有较高受胎率的重要环节。

一、输精前的准备

认真做好输精前的各项准备工作，是输精操作顺利进行的基本保证。

（1）场地的准备

输精场地在输精前应进行环境消毒、通风，保证清洁、卫生、安静的输精环境。

（2）母畜的准备

母畜经发情鉴定后，确定输精适时后，将其进行保定，并进行外阴的清洗消毒。

（3）器械的准备

各种输精用具在使用之前必须彻底洗净严格消毒，临用前用灭菌稀释液冲洗。每头家畜备用一支输精管，如果使用一支输精管给两头以上母畜输精，须消毒处理后方能使用。

（4）精液的准备

常温保存的精液需轻轻振荡后升温至35℃，镜检活力不低于0.6 ；低温保存的精液升温后活力在0.5以上；冷冻精液解冻后活力不低于0.3。

（5）输精人员的准备

输精人员应穿好经过消毒的工作服，指甲剪短磨光，手及手臂洗净擦干后用75%的酒精消毒，必要时涂以润滑剂。

二、不同动物的输精方法与要求

（一）输精的基本要求

1. 输精时间

母畜输精后是否受胎，掌握合适的输精时间至关重要。输精时间是根据母畜的排卵时间，精子在母畜生殖道内获能并保持受精能力的时间等确定的。在生产实践中，常用发情鉴定来确定输精时间。

（1）母牛的输精时间

母牛发情持续时间一般较短，发现母牛发情，安静接受爬跨后8 ~ 10 h可进行第1次输精，间隔8 ~ 12 h进行第2次输精。生产上，牛如果在早上发情，当日下午或傍晚第 1 次输精，次日早上进行第 2 次输精；下午或晚上发情，次日早上进行第 1 次输精，次日下午或傍晚再输 1 次。

初配母牛发情持续期稍长，输精过早受胎率不高，通常在发情后 20 h 左右开始输精。在第 2 次输精前，最好进行卵泡的检查，如果母牛已排卵，一般不必再输精。

（2）母猪的输精时间

母猪发情外部表现特别明显，外阴部长时间红肿，通过外部观察难以确定输精时间。母猪发情后的 24 ~ 48 h 内输精 2 次或发情盛期过后仍出现“压背反射”时输精。

（3）母羊的输精时间

母羊的输精时间应根据试情确定。每天 1 次试情，在发情的当天及 12 h 后各输精 1 次；每天 2 次试情，发现母羊发情后隔半日进行第 1 次输精，再隔半日进行第 2 次输精。

（4）母马的输精时间

如果根据卵泡发育情况来判定，在母马的卵泡发育的 6 个时期里，一般按“三期酌配、四期必输、排后灵活追补”的原则安排输精时间。排卵后如果黄体还没有形成，输精仍有一定的受胎率；如果根据发情时间来推算输精时间，可在母马发情后 3 ~ 4 d 开始输精，连日或隔日进行，输精不超过 3 次。

2. 输精量及有效精子数

输精量和有效精子数应视母畜体型大小、产次、生理状况和精液保存方法不同而有所差异。一般马、猪的输精量大，牛、羊的输精量小；体型大、经产、子宫松弛的母畜输精量相对较大，体型小以及初配母畜输精量较小；液态保存的精液输精量要比冷冻精液多一些。

3. 输精部位

输精部位与受胎率有关，牛的最适输精部位是子宫颈深部或子宫体；猪、马、驴以子宫内输精为好；羊、兔只需在子宫颈内浅部输精即可达到受胎目的；绵羊冻精应尽量进行深部输精。

（二）输精方法

1. 母牛的输精

（1）阴道开腔器输精法

采用金属或玻璃开腔器将阴道扩大，借助一定的光源，寻找子宫颈外口，然后用一只手将输精管插入子宫颈内 1 ~ 2 cm，缓慢输入精液。输完精后取出输精管及开腔器。此法的优点是能直接看到输精管插入子宫颈口内；缺点是操作烦琐，容易引起母牛不适，输精部位浅，受胎率较低，故生产上已不多用。

（2）直肠把握输精法

一只手伸入直肠内，先将宿粪排净，然后把握子宫颈，另一只手持输精器，先斜上方伸入阴道内进入 5 ~ 10 cm 后再水平插入到子宫颈口，两手协同配合，把输精器伸入到子宫颈的 3 ~ 5 个皱褶处或子宫体内，慢慢注入精液。输精过程中不要把握得太紧，要随着母牛的摆动而灵活伸入。直肠内的手要把握子宫颈的后端，并保持子宫颈的水平状态。输精枪要稍用力前伸，但要避免盲目用力插入，防止生殖道黏膜损伤或穿孔。

此法的优点是：用具简单，操作安全，不易感染；输精输入部位深，不易倒流，受胎率高；母牛无不良反应；能防止给孕牛误配，造成人为流产，是目前冷冻精液输精可靠的一种方法。

2. 母猪的输精

母猪的阴道部和子宫颈结合处无明显界限，输精时较容易插入输精管。输精时，把输精管涂以少量润滑剂，插入阴道内，先斜上方伸入，避开尿道口后再平直前进，边旋转边进入子宫，当遇到阻力时，将输精管稍向后拉，然后再向前伸入。胶管达到子宫后，接上精液瓶，缓缓将精液挤压流入子宫。精液温度不要低于 25℃，否则不能刺激子宫收缩而造成精液倒流。如遇到母猪不安或来回走动，可停止注入精液，待安抚稳定后再继续输精。输精完毕后，慢慢抽出输精管，按压母猪背腰部片刻，以防精液倒流。

3. 母羊的输精

绵羊和山羊都采用阴道开张器法，其操作与牛相同。由于母羊的体型较小，为使输精操作方便，提高效率，可在输精架后设置一个坑，或安装可升降的输精台架。在一些地区，有人采用由助手抓住羊后肢，使其倒立保定的方法，也较方便。

4. 母马的输精

母马常用胶管导入输精法。母马的输精器由一条长 60 cm 左右，内径 2 mm 的白色橡胶管和一个注射器组成。输精时左手握住玻璃注射器，右手握住胶管尖端隐藏在手掌中，慢慢伸入阴道内，手指触到子宫颈口后，用食指和中指撑开子宫颈，将输精管插入子宫内 10 ~ 15 cm，提起注射器，使精液自然流入或轻轻压入。输精完后，缓慢抽出输精管，并轻轻按压子宫颈使其合拢，防止精液倒流。

第三章　动物受精与妊娠

第一节　受精

受精是指精子和卵子结合，产生合子的过程。受精前，精子、卵子都要发生一系列变化，并经过复杂的过程才能结合，完成受精。

一、精子和卵子在受精前的准备

（一）配子的运行

配子的运行是指精子由射精部位移行到受精部位，以及卵母细胞从卵泡输卵管到达受精部位——输卵管壶腹部的过程。

1. 精子在雌性动物生殖道内的运行

（1）动物的射精部位

在自然交配时，根据雄性动物精液射入雌性动物生殖道的位置不同，一般可分为阴道型射精和子宫型射精两种。前者是将精液射入雌性动物的阴道内，牛、羊、兔和灵长类等属于这种类型。后者是将精液直接射入雌性动物的子宫颈或子宫体内，马和猪等动物为这种类型。母马和母猪在发情时，子宫颈管变得十分松软和开张，加之猪的子宫颈没有阴道部，因此，精液可以直接射入子宫。

（2）精子在雌性动物生殖道内的运行

牛、羊的子宫颈黏膜有许多纵行皱襞构成的横行沟槽（皱褶）。处于发情阶段的子宫颈黏膜上皮细胞具有旺盛的分泌作用，并由子宫颈黏膜形成许多腺窝。射精后，一部分精子借自身运动和黏液向前流动进入子宫；另一部分则随黏液的流动进入腺窝。

子宫颈是精子运行中的第一道栅栏，阻止过多精子进入子宫。绵羊一次射精可射出近 30 亿精子，但通过子宫颈进入子宫的不足 100 万。穿过子宫颈的精子在阴道和子宫肌的收缩作用下进入子宫，大部分精子进入子宫内膜腺，在子宫内形成精子贮库。精子从这个贮库不断被释放，并在子宫肌和输卵管系膜的收缩、子宫液的流动以及精子自身运动的综合作用下通过子宫，进入输卵管。精子的进入促使子宫内膜腺白细胞反应加强，一些死精子和活动能力差的精子被吞噬，或被上皮纤毛的颤动而推向阴道，使精子又一次得到筛选。精子自子宫角尖端进入输卵管时，宫管结合部成为精子向受精部位运行的第二道栅栏，由于输卵管平滑肌收缩和管腔狭窄，大量精子滞留于该部，并能不断向输卵管释放。进入输卵管的精子，输卵管收缩、黏膜皱襞及输卵管系膜的复合收缩以及管壁上皮纤毛摆动引起液体的流动，使精子继续前行。在壶峡连接部，精子因峡部括约肌的有力收缩被暂时阻挡，形成精子到达受精部位的第三道栅栏，限制更多精子进入输卵管壶腹部。精子经过三道栅栏的筛选，在一定程度上防止卵子发生多精受精。牛、羊通过宫管结合部的精子往往停留在输卵管峡部，直到排卵时才开始游向壶腹部与卵子相遇而受精。受精前精子在峡部贮存可能是哺乳动物的一般规律，在排卵时，只有获能精子从贮存位点释放，通过精子的趋化性引导向卵子运行。

（3）精子在雌性动物生殖道内的运行机理

精子由射精部位向受精部位的运行受多种因素的综合影响。雄性动物尿生殖道肌肉严格有序的收缩使精液被强有力地射出是精子运行的最初动力。母马在交配时由于公马阴茎的抽动，子宫内产生负压，子宫颈具有吸入精液进入子宫的作用。发情的雌性动物在激素和神经的调控下，生殖道肌肉收缩是精子运行的主要动力。精子可伴随子宫内液体的流动在雌性动物生殖道内运行。精子的运行受交感和副交感神经系统的控制。交配刺激引起催产素的释放，对子宫和输卵管肌肉收缩具有促进作用。精液中的前列腺素也可促进雌性动物生殖道收缩；肾上腺素、乙酰胆碱、组织胺和各种血管收缩物质，都能暂时改变子宫和输卵管的收缩能力。

（4）精子在雌性动物生殖道内运行的速度和维持受精能力的时间

精子运行速度与雌性动物的生理状态、黏液的性状以及雌性动物的胎次都有密切关系。交配后精子运输可分为两个明显的阶段：快速运输阶段和持续运输阶段。交配后几分钟输卵管中存在精子，即交配后在很短时间内精子会被运送到受精部位。精子在交配后几分钟内到达输卵管是难以存活的，所以更重要的是持续运输阶段，即精子从“精子贮库”（子宫颈和宫管结合部），以液流的方式通过远距离运输到输卵管。沉积在一侧子宫角的精子可以通过子宫角间的运输重新分布，也就是说，当精子在一侧子宫角沉积一段时间后，通过持续运输达到精子在两侧子宫角的重新分布，这种现象出现在猪和牛等动物上。

精子在雌性动物生殖道内存活时间大致为 1 ~ 2 d，如牛 15 ~ 56 h，猪 50 h，羊 48 h，而马最长可达 6 d。精子维持受精能力的时间比存活时间要短，如牛 28 h，猪 24 h，绵羊 30 ~ 36 h，马 5 ~ 6 d，犬 2 d。射精后精子在雌性生殖道生存时间远比在雄性生殖道内短。阴道黏膜的酸性分泌物对精子存活不利。牛、羊精子在阴道内仅能存活 1 ~ 6 h。精子在输卵管内被高度稀释，输卵管内精子糖酵解需要的酶浓度低于精液，对精子存活不利，故子宫和输卵管内精子存活时间相对较短。然而，子宫颈和宫管结合部精子存活时间长达 30 ~ 48 h。精子在雌性动物生殖道内存活和保持受精能力时间的长短，不仅与精子本身的生存能力有关，也与雌性动物生殖道的生理状况有关。这对于确定配种时间、配种间隔，具有重要的参考意义。

2. 卵子在生殖道内的运行

（1）卵子的接纳

雌性动物在接近排卵时，输卵管伞充血、开放，借助输卵管系膜肌肉的活动使输卵管伞紧贴于卵巢表面，并通过卵巢固有韧带收缩引起的围绕自身纵轴的旋转运动，使伞的表面紧贴卵巢囊的开口部。

排出的卵子通常被黏稠的放射冠包围，附着于排卵点上。输卵管伞黏膜纤毛摆动，将卵子扫入输卵管喇叭口，卵子在液流作用下进入输卵管，称为卵子的接纳。

（2）卵子在输卵管内的运行

输卵管宽大的管腔以及管壁纤毛的摆动和肌肉的活动，使卵子很快进入壶腹的下端，与已运行到此处的精子相遇完成受精。在运行的过程中，某些动物卵子周围的放射冠会逐渐脱落或退化，使卵母细胞裸露。牛和绵羊的放射冠一般在排卵后几小时退去。多数动物的受精卵在壶峡连接部停留时间可达 2 d 左右。以后随着输卵管逆蠕动的减弱和正向蠕动的加强，以及肌肉的松弛，受精卵运行至宫管结合部并短暂滞留；当其括约肌松弛时，受精卵随液流迅速进入子宫。卵子（或受精卵）在输卵管的运行机理在于管壁平滑肌和纤毛的协同作用。输卵管壁平滑肌受交感神经肾上腺素能神经支配。壶腹部神经纤维分布较少，而峡部较多。输卵管上存在 α 和 β 两种受体，可分别引起环形肌收缩和松弛。在卵子运行中，雌激素分泌量增多或经外源雌激素处理，都可延长卵子在壶峡连接部的时间；而孕激素的作用则相反。其次，输卵管纤毛运动和管腔液体流动对卵子运行起重要作用。在发情期，当壶峡连接部封闭时，由于输卵管逆蠕动、纤毛摆动和液体的流向朝向腹腔，卵子难于下行；而在发情后期，纤毛摆动方向和液体流动方向相反，在两种力的共同作用下，胚胎或卵子下行。

（3）卵子保持受精能力的时间

排出的卵子保持受精能力的时间比精子要短。卵子在输卵管保持受精能力的时间多数在 1 d 之内，只有犬的可长达 4.5 d。卵子在壶腹部才具有正常的受精能力，若未受精则随着老化，被输卵管分泌物包裹，丧失受精能力，最后破裂崩解。因某些特殊情况落入腹腔的卵子多数死亡，极少数造成宫外孕现象。

3. 精子在受精前的准备

（1）精子获能

刚射出的精子不能与卵子结合，必须在子宫或输卵管内经历一段时间，形态和生理机能上发生某些变化以进一步成熟，才具备受精能力的现象，称为精子获能。

这一生理现象是美籍华人学者张明觉和澳大利亚的 Austin 在 1951 年分别发现的。

精子在附睾内的成熟并不能使精子获得完全的受精能力。附睾精子包被有精子表面分子（蛋白质和糖类），射出后精子的表面分子渐渐变成精清蛋白，经雌性生殖道孵育后精子表面分子及精清蛋白均脱落，暴露出的分子可与卵母细胞的透明带结合。

获能后的精子耗氧量增加，运动的速度和方式发生改变，尾部摆动的幅度和频率明显增加。在输卵管，精子运动模式从线性运动（以相对直线游动模式）变为一种强有力的、尾部呈“鞭打样”的不对称运动，称为精子的超活化（HA）。精子的这种运动便于精卵接触。一般认为，精子获能的主要意义在于使精子做好顶体反应的准备和精子超活化，促使精子穿越透明带。

对于子宫型射精的动物，精子获能开始于子宫，最后完成于输卵管；对于阴道型射精的动物，流入阴道的子宫液可使精子获能，因此，精子获能始于阴道，但获能最有效的部位仍然是子宫和输卵管。

精子获能是一个可逆过程。精清中存在一种抗受精物质，称作去能因子，可溶于水，并具有极强的热稳定性，加热 65℃和冷冻均不能使去能因子失活。去能因子可抑制精子获能、稳定顶体，与精子结合后抑制顶体水解酶释放，因此，又称“顶体稳定因子”。获能精子若重新放入动物精清，与去能因子相结合，又会失去受精能力，这一过程称“去能”。经去能处理的精子，在子宫和输卵管孵育后，又可获能，称为再获能。

精子顶体酶能溶解卵子外周的保护层，是使精子和卵子相接触并融合的主要酶类。但是附睾或射出精液中的去能因子和顶体酶结合后，抑制了顶体酶活性和精子的受精能力。雌性生殖道中的 α 淀粉酶和 β 淀粉酶被认为是获能因子，胰蛋白酶、β 葡萄糖苷酶和唾液淀粉酶等也能使去能因子失活，尤其 β 淀粉酶能水解成由糖蛋白构成的去能因子，使顶体酶类游离并恢复其活性，溶解卵子外围保护层，使精子得以穿越。因此，获能的实质是使精子去掉去能因子或使去能因子失活的过程。去能因子并非某种特殊物质，而是一系列对精子获能有抑制作用的物质。

精子获能还受性腺类固醇激素的影响。一般情况下，雌激素对精子获能有促进作用，孕激素则有抑制作用。对于不同种类动物，有时同一种激素对精子获能的影响不完全一致。精子获能无明显的种间特异性。

（2）精子的顶体反应

获能后的精子，在受精部位与卵子相遇，会出现顶体帽膨大，精子质膜和顶体外膜相融合。融合后的膜形成许多泡状结构，随后这些泡状物与精子头部分离，造成顶体膜局部破裂，顶体内酶类释放出来，以溶解卵丘、放射冠和透明带，这一过程称为顶体反应。顶体反应通过释放顶体酶系，为精子穿越卵子周围各层膜与卵质膜发生融合、进入卵内打通道路奠定了基础。

顶体反应使精子能够溶出一个进入透明带的小孔，而保持透明带的完整性，这种完整性非常重要，因为其阻止了早期胚胎卵裂球游离出透明带。

4. 卵子在受精前的准备

大多数哺乳动物的卵子都是在输卵管壶腹部完成受精。卵子排出后 2 ~ 3 h 才被精子穿入。有证据表明，卵子在受精前也有类似于精子在受精前的生理准备。例如，马和犬排出的卵子仅为初级卵母细胞，尚未完成第一次成熟分裂，需要在输卵管进一步成熟，达到第二次成熟分裂中期，才具备被精子穿透的能力。此外，已发现大鼠、小鼠和兔的卵子排出后，其皮质颗粒数量不断增加，并向卵子的皮质部迁移。当皮质颗粒数达到最多时，卵子受精能力最强。卵子在输卵管期间，透明带和卵质膜表面发生一些变化，如出现透明带精子受体以及卵质膜亚显微结构的变化等。

二、受精过程

哺乳动物的受精主要包括精子穿越放射冠、接触并穿越透明带、精子与卵子质膜融合、雌雄原核形成、配子配合等几个步骤。

（一）精子穿越放射冠

放射冠是包围在卵子透明带外的卵丘细胞层，以胶样基质粘连，基质主要由透明质酸多聚体组成。精子顶体反应释放的透明质酸酶使基质溶解，使精子得以穿越放射冠接触透明带。卵丘细胞层选择性地允许获能的、顶体完整的精子穿过。精子表面特异性透明质酸酶（PH–20）的氨基端序列与透明质酸酶有 36% 同源性，并具透明质酸酶活性，使卵丘细胞层数分钟内迅速散开。精子在附睾内成熟后，PH–20 定位于头后部质膜和顶体内膜，顶体内膜 PH–20 量是头后部质膜内的 2 倍。顶体完整的获能精子穿越卵丘细胞层时，起到透明质酸酶作用的只是头后部质膜 PH–20，与顶体内膜 PH–20 无关。对于啮齿类动物，放射冠对刺激精子活力和增加精卵结合机会有一定作用。

（二）精子穿越透明带

穿过放射冠的精子，与透明带接触并附着其上，随后与透明带上精子受体相结合。精子受体为有明显种间特异性的糖蛋白，又称透明带蛋白（ZP），已发现三种，即 ZP1、ZP2 和 ZP3。精子和透明带初级结合是通过透明带 ZP3 和至少三种精子质膜上的蛋白质结合，而精子和透明带次级结合是由透明带 ZP2 和精子顶体内膜的顶体酶原 / 顶体酶介导，个别动物除外。顶体反应后的精子释放顶体酶将透明带溶出一条通道而穿越透明带，与卵质膜接触。

精子顶体含有多种酶，如透明质酸酶、脂酶、磷酸酶和磷脂酶 A2 等，在数量和质量上存在种间差异，它们相互协调配合对精子穿越透明带具有重要作用。另外，精子获能后的超活化在这一过程中的作用不容忽视。

当精子触及卵质膜的瞬间会激活卵子，使之从休眠状态苏醒，同时，卵母细胞膜发生收缩，由卵母细胞释放某种物质到卵的表面和卵周隙，以阻止后来的精子再进入透明带，这一变化称为透明带反应。迅速而有效的透明带反应是防止多个精子进入透明带进而引起多精子入卵的屏障之一。兔卵子无透明带反应，受精后可在透明带内发现许多精子，多余的精子称为补充精子，其他动物透明带内极少见到补充精子。多种动物的精子穿越透明带时，头部斜向或垂直方向穿入。通常精子附着于透明带 5 ~ 15 min 即可穿过透明带，并留下一条狭长的孔道。

（三）精子进入卵质膜

精子进入透明带到达卵周隙，与卵细胞膜接触。卵细胞膜表面有大量的微绒毛，当精子与卵细胞膜接触时，即被微绒毛抱合，精子实际躺在卵子表面，通过微绒毛收缩被拉入卵内。卵细胞膜和精子赤道部融合，使精子头部完全进入卵母细胞。在精子进入卵母细胞的部位形成一个明显的突起，称受精锥。

当精子进入卵细胞膜后，卵细胞膜立即发生变化，表现出卵黄紧缩和卵黄膜增厚，并排出部分液体进入卵周隙，这种变化称为卵细胞膜反应。这一反应具有阻止多精子入卵的作用，因此，又称为卵细胞膜封闭作用或多精入卵阻滞，这可看作是受精过程中防止多精受精的第二道屏障。一些物种既有透明带反应又有卵细胞膜反应，而另一些物种只有其中之一。

（四）原核形成

精子进入卵细胞后，精子核开始破裂、膨胀、解聚，形成球状核，核内出现多个核仁，而后重新形成核膜，核仁增大融合，最后形成一个比原细胞核大的雄原核。卵细胞完成第二次减数分裂，排出第二极体。卵细胞核染色体分散并向中央移动，在移行过程中，逐渐形成核膜，原核由最初不规则到最后变为球形，出现核仁。雌雄原核难以区分，靠近原核处有精子尾部的判定为雄原核。除猪外，其他动物雌原核都略小于雄原核。

许多动物（如海胆、蛙等）精子头部入卵后旋转 180°，精子中心体位于核前端，朝向卵子中央。雄原核形成与生发泡破裂（GVBD）有关。精子核去致密（解聚）因子或该因子上游调节物可能贮存在生发泡内，GVBD 后，这些成分释放到细胞质中，精子核才能解聚进而发育成雄原核；如果抑制 GVBD，进入的精子核就不能发育成雄原核。

（五）配子配合

两原核形成后，卵子中的微管和微丝被激活，重新排列，使雌、雄原核均向中心移动，彼此靠近。原核接触部位相互交错，松散的染色质高度卷曲成致密染色体。随后两核膜破裂，核膜、核仁消失，染色体混合、合并，形成二倍体核。随后，染色体排列在赤道板上，出现纺锤体，到达第一次卵裂中期，受精过程至此结束。

三、异常受精

（一）多精受精

多精受精可能由于两个或两个以上精子几乎同时与卵子接近并进入卵内造成，这与卵子阻止多精入卵的机能不完善有关。例如，卵母细胞发育尚未成熟或已老化、卵子透明带损伤、皮质颗粒分布和排列异常、皮质颗粒排放延迟都会引起多精受精。一些动物的卵子允许补充精子进入并形成雄原核，但只允许其中一个与雌原核发生融合，这种现象称生理性多精受精。鸟类多精受精比较普遍，哺乳动物仅有1%～2%。但是，一般来说，动物多精入卵是异常受精，猪延迟配种或输精会导致15%的多精入卵率；绵羊发情36～48 h后输精会造成较高的多精受精或出现多核卵裂球。发生的形式也有很大不同。畜牧生产中，雌性动物配种和输精延迟都可能导致多精受精。

多精受精发生时，多余精子形成的原核一般都比较小。若两个精子同时参与受精，会出现三个原核，形成三倍体。对于哺乳动物，其胚胎最多可发育到妊娠中期，最终死亡。

（二）雄核发育或雌核发育

精子入卵激活卵子后，只是其中一个雄原核或雌原核发育，另一个未发育，即只有一个核激活发生类似受精现象。若雌核激活，称为雌核发育；雄核激活，称为雄核发育。

在鱼类的生殖过程中，有时会出现激活的卵子和未排出的第二极体发育成为二倍体的现象；但在哺乳动物中少有，且不能正常发育。

与雌核发育不同，单性生殖是卵子不经受精而发育成子代的一种现象，又称孤雌生殖。自然界无脊椎动物中的某些昆虫，可以单性生殖繁殖后代。鸟类中火鸡的单性生殖高达41.7%，其后代均为雄性，少数能正常产生精子，具备繁殖能力。

（三）双雌核受精

卵子成熟分裂中，由于极体未排出，造成卵内有两个卵核，发育为两个雌原核，出现双雌核受精现象，在猪和金田鼠的受精过程中比较多见。延迟交配、输精或在受精前卵子老化等都可能引起双雌核发育、受精。母猪发情36 h后再配种或输精，双雌核率达20%以上。

第二节　早期胚胎的发育与附植

受精完成后，形成了二倍体的合子（又称受精卵），开始进行有丝分裂并向子宫迁移，形成的囊胚在子宫中附植，结束游离状态，与母体开始建立联系。

一、早期胚胎的发育

合子形成后即进行有丝分裂，早期胚胎发育在输卵管内进行。通过一系列有序的细胞增殖和分化，胚胎由单细胞变成多细胞，由简单细胞团分化为各种组织、器官，最后发育成完整个体。早期胚胎是指哺乳动物由受精卵开始到尚未与子宫建立组织联系，处于游离阶段的胚胎。

（一）卵裂

早期胚胎发育有一段时间是在透明带内进行的，在这一时期，胚胎细胞（卵裂球）数量不断增加，但总体积并不增加，且有减小趋势，称为卵裂。卵裂所产生的子细胞称为卵裂球。哺乳动物与其他低等动物相比，卵裂速度较慢，细胞周期为12 ~ 24 h。其中在第三次卵裂后，卵裂球分裂不完全同步。体内卵裂是胚胎在向子宫角移行过程中完成的。

胚胎发育早期，每一个卵裂球都具有发育成健康、独立个体的潜能。2 细胞、4 细胞和 8 细胞胚胎卵裂球都具有发育全能性。

（二）桑葚胚

胚胎在透明带内进行有丝分裂，卵裂球数目呈几何级数增加。当胚胎卵裂球达到 16 ~ 32 个细胞时，细胞间形成紧密连接，形成致密细胞团，形似桑葚，称为桑葚胚。

随着胚胎发育，细胞间界线逐渐消失，胚胎外缘光滑，体积减小，整个胚胎形成一个紧缩细胞团，这一过程称为胚胎致密化，胚胎称为致密桑葚胚。动物种类不同，胚胎开始致密化的时期不同，小鼠、猪胚胎开始于 8 细胞期，牛、羊开始于 32 ~ 64 细胞期。在桑葚胚阶段，透明带内的胚胎总质量继续减少，与成熟卵子相比，牛胚胎总质量减少 20%，绵羊减少 40%；发育所需营养物质主要来自胚胎自身，部分来自输卵管液或子宫液。细胞出现初步分化时，胚胎仍在透明带内。

（三）囊胚

桑葚胚继续发育，细胞开始分化，出现细胞定位现象。胚胎一端细胞较大，密集成团称为内细胞团（ICM）；另一端细胞较小，沿透明带内壁排列扩展，称为滋养层；滋养层和内细胞团之间出现囊胚腔。这一发育阶段的胚胎称作囊胚。

随着胚胎发育，囊胚腔不断扩大，透明带变薄，体积逐渐超过原卵母细胞体积，这时胚胎称为扩张囊胚。扩张囊胚进一步发育，液体充满囊胚腔，内部压力增加，囊胚细胞从透明带开口裂缝被挤出，直至完全脱出透明带，这个过程称为囊胚孵化；脱离透明带的囊胚称为孵化囊胚或胚泡。囊胚阶段，内细胞团进一步发育为胚胎本身，滋养层发育为胎膜和胎盘。囊胚一旦脱离透明带，即迅速扩展增大。这一阶段特点是：①滋养层细胞外表面有密集微绒毛，选择吸收营养物质，供胚胎发育需要，以后主要发育成为绒毛膜，内细胞团进一步分化为内胚层、中胚层和外胚层，最终形成胎儿。②胚胎基因组转录和表达活性增加，发育明显加快。③营养物质主要来源于子宫乳。④胚胎孵化过程中或孵化后产生妊娠信号，与母体子宫建立初步联系。

（四）原肠胚

囊胚进一步发育，出现两种变化：①内细胞团顶部滋养层退化，内细胞团裸露，成为胚盘。②胚盘下方衍生出内胚层，沿滋养层内壁延伸、扩展，衬附在滋养层内壁上，这时的胚胎称为原肠胚。在内胚层发生中，除绵羊是由内细胞团分离出来外，其他动物均由滋养层发育而来。

原肠胚进一步发育，在外胚层和内胚层之间出现中胚层，后者进一步分化为体壁中胚层和脏壁中胚层，两个中胚层之间的腔隙，构成以后的体腔。三个胚层的建立和形成，为胎膜和胚体各类器官的分化奠定了基础。

（五）胚胎扩张或伸长

原肠化过程中，胚胎进入快速发育期，体积增加很快，有的动物胚胎还发生形态变化，由球形变成管形，最终变为线形。但马在胚胎早期发育中一直保持球形，孵化后直径每天递增 2 ~ 3 mm，配种后 17 ~ 19 d 胚胎直径与子宫腔相当。胚胎伸长与妊娠信号产生几乎同时进行，胚胎伸长或扩张传递妊娠信号，促使母体做出反应，使周期黄体转化为妊娠黄体，保证胎儿进一步发育。胚胎伸长主要由胚体外双层膜完成，胚体本身大小变化很小。通过分析胚胎伸长前后 DNA 总量变化发现，胚胎伸长主要依靠细胞间重组，而不是靠胚胎细胞增殖来实现。

二、胚泡的附植

胚泡在子宫内发育的初期阶段处于游离状态，并不和子宫内膜发生联系，称胚泡游离。由于胚泡内液体不断增加，体积变大，胚泡在子宫内活动逐步受限，与子宫壁相贴附，随后才和子宫内膜发生组织及生理联系，位置固定下来，这一过程称为附植，又称附着、植入或着床。

胚泡在游离阶段，单胎动物胚泡可因子宫壁收缩由一侧子宫角迁移到另一侧子宫角；对于多胎动物胚泡也可向对侧子宫角迁移，称为胚泡内迁。牛胚泡一般无内迁现象。

（一）附植部位

胚泡在子宫内附植的部位，通常是对胚胎发育最有利的位置，基本选择在子宫血管稠密、营养供应充足的部位；胚泡间有适当距离，以防止拥挤。附植部位一般位于子宫系膜对侧。多胎动物通过子宫内迁均匀分布在两侧子宫角内；牛、羊单胎时，其胚泡常在子宫角下1/3处，双胎时则分别位于两侧子宫角内；马单胎时常迁至对侧子宫角，而产后首次发情受孕的胚胎多在上一胎的空角基部。

（二）附植时间

胚泡附植是个渐进的过程，确切附植时间差异较大（见表3-1）。游离期之后，胚泡与子宫内膜即开始疏松附植。紧密附植的时间发生在此后较长一段时间内，且有明显的种间差异，最终以胎盘建立结束。

表3-1　胚泡附植的进程（以排卵后时间计算）

畜种	妊娠识别/d	疏松附植/d	紧密附植/d
猪	10 ~ 12	12 ~ 13	25 ~ 26
牛	16 ~ 17	28 ~ 32	40 ~ 45
绵羊	12 ~ 13	14 ~ 16	28 ~ 35
马	14 ~ 16	35 ~ 40	95 ~ 105

子宫环境和胚胎发育同步程度对胚泡附植具有重要意义，不同步是导致胚泡附植失败的原因之一，在进行胚胎移植时需特别注意。

（三）附植过程中子宫内膜的变化

在孕激素作用下，子宫内膜充血、增厚，上皮增生，子宫腺盘曲明显，分泌能力增强，子宫肌的收缩和紧张度减弱，为胚泡附植提供有利的环境条件。子宫乳成为胚泡附植过程中的主要营养来源。

雌激素的致敏和孕激素的生理作用是子宫产生上述变化的主要原因。孕激素增强子宫内膜腺分泌功能。雌激素除使子宫内膜增生外，还促进子宫释放蛋白水解酶，使其消化子宫液中的大分子物质，为胚泡发育提供营养。同时，蛋白水解酶使透明带溶解、滋养层细胞增生、滋养层逐渐侵入子宫上皮和基质层，引起附植现象出现。蛋白水解酶还在胚泡疏松附植和子宫内膜的蜕膜化等过程中发挥重要作用。

（四）影响胚泡附植的因素

1. 母体激素

母体激素特别是卵巢类固醇激素对胚泡附植具有重要作用，存在种间差异。小鼠和大鼠需在雌激素和孕激素的协同作用下，才能引起子宫内膜发生相应变化，具备分泌功能。雌激素可抑制上皮细胞的吞噬作用，为胚泡存活和附植创造条件。豚鼠则只有在孕酮条件才下发生。对于其他动物，母体雌激素和孕激素水平及其比值变化对胚泡附植十分重要。

2. 孕酮和胚泡激素

胚泡一旦形成，可分泌激素促进和维持黄体功能。其中孕酮对于整个子宫是一种抗炎剂，抑制子宫对胚泡的炎性反应，但是同时对于即将附植的部位又可改变其毛细血管的通透性，表现出炎性反应特点，为胚泡滋养层与子宫内膜的进一步接触，乃至胎盘形成奠定基础。胚泡雌激素则对附植部位的孕酮起着一定的拮抗作用，更有利于胚泡和子宫内膜相互作用。

3. 子宫对胚泡的容受性

胚泡并非完全来自母体，因此在理论上，子宫对胚泡应有一定的免疫排斥反应。但是在雌激素和孕激素的协同作用下，子宫内膜容许胚泡附植。子宫对胚泡的这种容受性，使子宫分泌特异蛋白，在附植过程中起关键作用。同时，胚泡对子宫内环境存在依附性，只有子宫内环境变化与胚泡发育同步，胚泡才可能顺利实现附植。胚泡和子宫内膜之间任何一方不协调，都可能造成附植中断。

4. 胚激肽

肽激素是在胚泡附植前后，子宫组织分泌产生的一种特异球蛋白。对兔的研究中发现，肽激素的出现和消失与附植胚泡的生长发育有关，对胚泡发育具有刺激作用，所以又称胚激肽，它的合成和分泌受雌激素和孕酮调节。妊娠母猪子宫液也有类似物质，除促进胚泡发育外，还对附植时子宫与滋养层细胞蛋白溶解酶的分泌有调控作用，可与孕酮结合，保护胚泡。

三、胚胎发育各阶段的营养来源

不同发育阶段的胚胎其营养来源存在较大差异。在桑葚胚阶段主要依靠自身贮备的卵黄提供胚胎发育的营养。囊胚阶段主要靠子宫乳提供营养。透明带消失后的胚泡发育速度很快，营养需要量大增，卵黄逐渐耗尽。子宫乳是由增生的子宫上皮分泌的糖原、蛋白质等营养物质和聚集在子宫内与子宫腔内的细胞碎屑、红细胞和淋巴细胞等构成的组织营养物，其中蛋白质高达 10% ~ 20%，可通过简单扩散、渗透进入囊胚。在胎盘形成和附植过程中，胚胎摄取营养主要有以下三种形式：吸收和吞噬子宫乳；通过滋养层吞噬子宫上皮细胞碎屑；通过正在形成的胎盘吸收来自母体的营养物质。牛、羊以前两种为主，后期有第三种参与；猪以第一种和第三种为主；马以第一种为主。胎盘形成后，胎儿通过胎盘与母体进行物质交换，获取营养，这是新生儿出生前取得营养的主要方式。

四、双胎和多胎

单胎动物中的双胎大多来自两个不同受精卵，又称双合子孪生。其双胎率受品种、年龄和环境影响较大。但是，少数双胎也可来自同一个合子，即由一个受精卵产生两个完全一致的后代，又称为单合子孪生或同卵双胎，只在少数物种如人和牛中出现，这种形式的双胎约占双胎总数的10%。同卵双胎在自然情况下是附植后内细胞团分化为两个原条所产生的。同卵双胎也可在实验室中通过显微操作分离卵裂球或分割囊胚的方法获得。

在自然情况下，奶牛双胎率为3.5%，而肉牛低于1%。在双胎中，若两子宫角各有一个胚泡，其生活力不会受到影响，在这种情况下，排卵率则成为双胎的主要限制因素。牛怀双胎时，由于相邻孕体的尿膜绒毛膜血管形成吻合支，导致共同的血液循环，约91%的异性双胎母犊不育。异性双胎雌性不育在绵羊、山羊和猪中少见。

绵羊多胎品种如芬兰羊和布鲁拉美利奴羊可窝产2羔以上，我国湖羊、寒羊等绵羊以及长江三角洲白山羊、济宁青山羊等都是多胎品种。这些多胎品种一般有较高的排卵率或存在多胎基因，也可能与FSH分泌水平有密切关系。

马排双卵的现象并不少见，但异卵双胎只占1%～3%。这是由于双胎妊娠过程中，出现一个或两个胚胎在发育早期死亡，否则易发生流产、木乃伊胎或初生死亡。双胎在子宫内死亡通常是由于胎盘或子宫不能适应双胎需要造成的，实际上双胎的胎盘总面积与单胎差不多。

外源促性腺激素处理，可增加排卵数，提高双胎率，但由于卵巢的反应差异较大，其双胎效果不稳定。一般来说，同侧卵巢排两个卵的双胎可能性要小于两侧卵巢各排一个卵。牛、山羊胚胎移植效果表明，采用双侧子宫角分别移入一枚胚胎的做法，可获得60%～70%的双胎率。

卵巢类固醇激素，特别是雄酮或雌酮免疫，可明显提高绵羊排卵率，而对牛效果稍差。采用抑制素免疫可增加绵羊排卵3～4倍，猪可提高35%。

第三节　胎膜与胚胎

胎膜是指包裹在胎儿周围的几层膜的总称。胎盘是指胎膜和妊娠子宫共同构成的复合体，是一个极其复杂的器官，具有物质运转、合成分解代谢、分泌激素及免疫等多种功能，能维持胎儿在子宫内的正常发育。

一、胎膜和胎囊

孕体是指早期发生阶段的胚胎或附植后胎儿和胎儿附属膜的总称。胚胎孵化后，孕体开始快速生长，如奶牛在妊娠第 13 天，囊胚直径约 3 mm，在第 17 天，囊胚长度可达到 250 mm，呈丝线状，至妊娠第 18 天，囊胚深入对侧子宫角。猪的囊胚发育更为迅速。在妊娠第 10 天，囊胚呈球形，直径 2 mm，随后 1 ~ 2 d，长度可达 200 mm 左右，至第 16 天则达 800 ~ 1 000 mm。孕体的显著生长源于一套被称为胚胎外膜或胎膜的急剧发育。猪、绵羊和奶牛附植时囊胚均呈丝线状，而马囊胚仍保持球形。

胎膜是胎儿的附属膜，是胎儿本体以外包被胎儿的几层膜的总称，包括卵黄囊、绒毛膜、羊膜、尿膜和脐带。其作用是与母体子宫黏膜交换养分、气体及代谢产物，对胎儿的发育极为重要。由于在胎儿出生后即被摒弃，所以是一个临时性器官。

胎囊是指由胎膜形成的包围胎儿的囊腔，一般指卵黄囊、羊膜囊和尿囊。

（一）卵黄囊

当原肠胚发育为胚内和胚外两部分时，其胚外部分即形成卵黄囊。

卵黄囊外层和内层，分别由胚外脏壁中胚层和胚外内胚层形成。猪、牛、羊的卵黄囊较长，可达胚泡两端。卵黄囊上有稠密的血管网，胚胎发育早期借助卵黄囊吸收子宫乳养分和排出废物。随着胎盘形成，卵黄囊的作用逐步减弱并萎缩，最后只在脐带中留下遗迹。

（二）羊膜

由腹侧胚外外胚层和胚外体壁中胚层构成，呈半透明状。发育完全的羊膜形成羊膜囊，内含羊水。

（三）尿膜

由胚胎后肠端向腹侧方向突出而成，外层为胚外脏壁中胚层，内层为胚外内胚层。尿膜在扩展中与绒毛膜内层贴近并共同分化出血管，通过脐带将胎儿和胎盘血液循环连接起来。最后尿膜与绒毛膜融合形成尿膜绒毛膜，成为胎儿胎盘。尿囊内有尿水，是胎儿膀胱的尿液通过脐尿管排入尿囊内形成的。

（四）绒毛膜

绒毛膜是胎膜的最外层，表面覆盖绒毛。绒毛膜由胚外外胚层和胚外体壁中胚层构成，是胎儿胎盘的最外层。

（五）脐带

脐带为胎儿和胎膜间连系的带状物，其外层由羊膜包被，马脐带还可由尿膜包被。脐带内有脐尿管、脐动脉、脐静脉、肉冻状组织和卵黄囊遗迹等结构。脐带长度种间差异较大：猪平均为 20 ~ 25 cm，牛 30 ~ 40 cm，羊 7 ~ 12 cm，由于子宫和阴道总长度较长，分娩时，多数自行断开；马的脐带长 70 ~ 100 cm，分娩时脐带一般不能自行断开。

多胎动物的胎儿一般都各具一套完整的胎膜。例如猪的一个子宫角常有几个胎儿，各有独立的胎膜存在，由于子宫容积有限，尿膜与绒毛膜常相连并列。单胎动物怀双胎时，来自两个不同合子发育的双胎，各自有一套独立的胎膜。对于单合子孪生的胎儿情况则相对复杂一些：若由单一内细胞团分化为两个原条产生的双胎，其绒毛膜共用一套，有时羊膜也是共用的；若由单个囊胚内细胞团在附植前分成两套，则各自的绒毛膜和羊膜独立。

二、胎液

胎液包括来自羊膜囊的羊水和尿囊的尿水，来源广泛，成分比较复杂，主要包括胎儿肾脏的排泄物、羊膜及羊膜上皮的分泌物、胎儿唾液腺分泌物以及颊黏膜、肺和气管的分泌物。胎水呈弱碱性，含蛋白质、脂肪、尿素、肌酸酐、激素、维生素、盐及糖类等物质。

胎水的主要作用如下：①胎儿的液体环境可缓冲外部压力和机械刺激，有利于附植。②在胎儿发育过程中，避免脐带挤压造成血液供应障碍，防止胎儿与周围组织粘连。③在分娩时，润滑产道、扩张子宫颈，有利于胎儿顺利排出。④低渗的尿囊液可维持胎儿血浆渗透压，保证母体血液的正常循环。

三、胎盘

胎盘是指由胎儿尿膜绒毛膜（猪还包括羊膜绒毛膜）和妊娠子宫黏膜共同构成的复合体，前者称胎儿胎盘，后者称母体胎盘。胎儿胎盘和母体胎盘都有各自的血管系统，并通过胎盘进行物质交换。

（一）胎盘的分类

绒毛膜表面的细小绒毛从绒毛膜向子宫内膜突进，是胎儿与母体进行物质交换的功能性单位。根据母体子宫黏膜和胎儿尿膜绒毛膜的组织结构和融合程度，以及尿膜绒毛膜表面绒毛的分布状况，可将胎盘分为以下几种类型。

1. 弥散型胎盘

弥散型胎盘的绒毛基本上均匀分布在绒毛膜表面，疏密略有不同。猪、马和骆驼属此类型。每一绒毛内都有动脉和静脉毛细血管分布。与胎儿胎盘相对应的母体子宫黏膜上皮向深部凹陷成腺窝。绒毛与腺窝上皮接触，在结构上又称上皮绒毛膜胎盘。

猪弥散型胎盘有一个绒毛状表面，紧密排列的微绒毛覆盖整个绒毛膜表面。马胎盘有许多特殊绒毛膜绒毛“微区域”，称微子叶，是胎儿－母体接触面微小分散区域，称子宫内膜杯（EC），子宫内膜杯直径从几毫米到几厘米不等，源于胚胎滋养层和子宫内膜。胎盘表面有 5 ~ 10 个子宫内膜杯覆盖其上，子宫内膜杯在孕体附植时产生绒毛膜促性腺激素，到妊娠第 60 天，子宫内膜杯在子宫腔内开始蜕皮，逐渐失去功能。

弥散型胎盘由六层组织结构构成胎盘屏障，即母体子宫上皮、子宫内膜结缔组织和血管内皮；胎儿绒毛上皮、结缔组织和血管内皮。此类胎盘构造简单，胎儿和母体胎盘结合不甚牢固，易发生流产；分娩时出血较少，胎衣易脱落。

2. 子叶型胎盘

子叶型胎盘的绒毛集中成许多绒毛丛（又称胎儿子叶），嵌入母体子宫黏膜上皮腺窝（又称母体子叶）。子叶之间的绒毛膜表面一般较光滑，无绒毛存在。牛、羊胎盘属于此类型。

子叶型胎盘在组织结构上，一般在妊娠前 4 个月左右与上皮绒毛膜胎盘相同。之后母体子叶上皮变性，萎缩消失，母体胎盘的结缔组织直接与胎儿绒毛接触变为结缔组织绒毛膜胎盘，也称上皮绒毛与结缔组织绒毛膜混合型胎盘。

这种类型的胎盘，母仔联系紧密，分娩时新生儿不易发生窒息。绵羊有 90 ~ 100 个子叶分布在绒毛膜表面，牛 70 ~ 120 个。胎儿胎盘和母体胎盘（子宫阜）共同组成子叶。羊为中间凹陷的母体子叶，分娩时胎衣容易分离；牛的母体子叶呈突出的饼状，产后胎衣脱离时常较困难，易出现胎衣不下。在分娩过程中由于牛、羊胎盘的组织结构特点，时常出现胎儿胎盘脱落带下少量子宫黏膜结缔组织，并有出血现象。

3. 带状胎盘

带状胎盘呈长形囊状，绒毛集中于绒毛膜中央，呈环带状，称带状胎盘，又称环状胎盘。犬、猫等食肉动物为这种胎盘。

组织结构特点：在胎儿胎盘和母体胎盘附着部位的子宫黏膜上皮被破坏，绒毛直接与子宫血管内皮相接触，也称内皮绒毛膜胎盘。分娩过程中，可造成母体胎盘组织脱落，血管破裂出血，又称半蜕膜胎盘。

4. 盘状胎盘

盘状胎盘在发育过程中，胎儿胎盘的绒毛逐渐集中于一个圆形区域内，绒毛膜以 1 个或 2 个很明显圆盘为特征。这些圆盘绒毛膜绒毛与子宫内膜相贴，提供了一个营养和代谢废物交换区域。人及灵长类动物属这一类型。绒毛浸入子宫黏膜，穿过血管内皮直接浸入血液中，又称血绒毛膜胎盘。分娩会造成子宫黏膜脱落、出血，也称蜕膜胎盘。

（二）胎盘的物质交换

胎儿和母体间的物质交换靠胎盘完成。在胎盘中，胎儿和母体的血液循环并不直接相通，而是靠绒毛膜和子宫黏膜的紧密接触。胎儿借助胎盘从母体血液中获得氧和所需的营养物质。物质交换的方式主要有简单扩散、主动运输、吞噬作用（吞食）和吸液作用（吞水）等（见表 3–2）。

表 3–2　胎盘转运物质的种类及方式

组别	物质	生理作用	交换机制
1	电解质、水和呼吸气体	维持体内生化环境的稳定或保护胎儿免于突然死亡	迅速扩散
2	氨基酸、糖和大多数水溶性维生素	促进胎儿发育	主动运输
3	各种激素	促进胎儿生长变化或维持妊娠	缓慢扩散
4	药物和麻醉剂，血浆蛋白、抗体和整个细胞	确保免疫或毒性的重要性	迅速扩散，吸液作用或通过胎膜孔漏出

胎盘的气体交换与出生后动物的呼吸机制不同。动物出生后，肺是气体与血液系统间完成交换的重要器官，而胎盘则是母体血液与胎儿血液的气体交换器官。由于胎儿血红蛋白对氧的亲和力高，脐动脉的未氧合血运送到胎盘，在胎盘完成与氧的结合而得到氧合血，然后脐静脉把氧合血传递给胎儿。由于胎儿血液对 CO_2 亲和力低，有利于其从胎儿传递到母体，实现 CO_2 排出。

对反刍动物研究表明，胎儿血糖水平高于母体，且以果糖为主，而母体则以葡萄糖为主。说明胎盘有将来自母体的葡萄糖转化为果糖的功能。蛋白质不能经胎盘直接运输，只有在分解为氨基酸后才能通过胎盘，被胎儿吸收并合成新的蛋白质。虽然母体血脂含量通常高于胎儿，却不能直接通过胎盘，只有分解为脂肪酸和甘油后才能被胎儿吸收。水分和电解质可自由通过胎膜，尤其是铁、铜、钙、磷等矿物质容易通过胎盘。水溶性维生素可通过胎盘被胎儿利用，而脂溶性维生素如维生素 A、维生素 D、维生素 E 等常被胎盘阻隔。一般来说，胎盘可使一切激素渗透，特别是雌激素和孕激素容易通过胎盘，而多肽类激素通过较慢。绵羊和山羊，肾上腺皮质醇不能经胎盘进入胎儿。

（三）胎盘屏障

胎儿为满足自身生长发育的需要，既要同母体进行物质交换，又要保持自身内环境同母体内环境的差异，胎盘的特殊结构是实现这种矛盾统一的生理作用屏障，称为胎盘屏障。在这一屏障作用下，尽管可以使多种物质经各种转运方式进入和通过胎盘，但具有严格的选择性。有些物质不经改变就可经胎盘在母体血液和胎儿血液之间进行交换；有些则必须在胎盘分解成比较简单的物质才能进入胎儿血液。胎盘内有高活性的酶系统，有很强的物质分解和合成的能力；还有些物质特别是有害物质，通常不能通过胎盘，从而保护胎儿的生长发育环境。

胎盘对抗体的运输也具有明显的屏障作用。作为母体的豚鼠和兔，血清中的抗体能够通过胎盘进入胎儿，使其获得被动免疫能力；而小鼠、大鼠、猫和犬等动物，只有少量抗体由胎盘进入胎儿，大部分抗体是出生后从初乳中获得的；猪、山羊、绵羊、牛和马等动物的抗体不能通过胎盘进入胎儿，因此，幼仔只能从初乳中获得。

（四）胎盘的免疫功能

胎儿胎盘，可部分看作是母体的同种移植物，即同种异体移植组织。胎盘乃至胎儿不受母体排斥是胎盘特定的免疫功能所致。

胎盘免疫的确切机理虽然尚待进一步明确，但以下观点在一定程度上可以解释胎盘的免疫作用：①胎盘滋养层的组织抗原性很弱，不足以引起母体的排斥反应。②滋养层细胞外覆盖的带有负电荷的唾液黏蛋白对母体淋巴细胞的免疫排斥具有抑制作用，使滋养层得到保护。③孕酮可抑制母体胎盘对来自父本的组织相容性抗原的免疫排斥。④妊娠所引起的雌性动物内分泌系统变化，可有效抑制母体对胎儿免疫排斥，例如人绒毛膜促性腺激素（HCG）可防御母体对滋养层的攻击，妊娠后期还有催乳素的协同作用。

（五）胎盘的分泌功能

胎盘是一个临时性的内分泌器官，几乎可以产生卵巢和垂体所分泌的所有性腺激素和促性腺激素。它所分泌的雌激素、孕激素、松弛素和催乳素的化学结构和生理功能与卵巢和垂体分泌的同种激素相同，如马胎盘产生的 PMSG[也称为马属动物绒毛膜促性腺激素（eCG）]，人类产生的 HCG。

胎盘产生的孕激素对维持妊娠具有重要作用。猪、牛、绵羊、犬、猫和豚鼠等动物妊娠前半期，主要靠黄体分泌的孕酮维持妊娠，若切除卵巢可导致流产；妊娠后半期黄体虽然存在，但维持妊娠所需的孕酮主要由胎盘分泌，这时若切除卵巢，妊娠仍可继续维持。例如，母羊怀孕 50 d 以后，维持妊娠的孕酮主要来自胎盘。其他物种，猪和兔不管处于妊娠哪个阶段，去除黄体都会终止妊娠；妊娠 8 个月，牛去除黄体将导致流产。妊娠母体血液中孕酮增加，对于不同物种，达到峰值的时间各异。应该指出，即使胎盘接管妊娠黄体，黄体在整个妊娠过程中仍产生孕酮。马属动物在妊娠开始 2 个月主要是妊娠黄体分泌孕酮，妊娠 2 ~ 5 个月由副黄体产生并分泌孕酮，与妊娠黄体共同维持妊娠，5 个月以后卵巢上黄体相继退化，主要靠胎盘产生的孕酮维持妊娠，若在这段时间切除卵巢对妊娠没有影响。

雌激素也是胎盘产生的重要激素，特别在妊娠最后阶段，大多数物种在这一时期雌激素出现峰值往往是临近分娩的信号。

胎盘松弛素存在于马、猫、猪、兔和猴中。兔松弛素完全由胎盘产生，而不是由卵巢分泌。然而，牛在妊娠期间，松弛素并不出现在胎盘；在分娩中，松弛素可能既来源于卵巢也来源于胎盘，然而奶牛摘除卵巢并不导致产犊困难。因此，松弛素的生理作用在牛上可能更为复杂。

某些胎盘激素能促进雌性动物乳房功能完善和胎儿发育。胎盘催乳素促胎儿生长效果及催乳效果在不同物种间存在差异，其中牛和羊的催乳活性超过促生长活性。

（六）胎儿循环

胎儿一旦脱离母体，就必须通过肺与外界交换气体，依靠小肠吸收营养，利用肾脏排出废物。在胎儿阶段，这三方面的生理功能完全由胎盘与母体实现。胎盘是胎儿临时行使上述三种功能的器官。因此，胎儿循环实质上是胎儿同胎盘之间的物质循环。胎儿心脏和血管系统存在某些特殊结构，左心房同右心房并联，左心室同右心室并联，似乎只有一个心房和心室在工作。回到心房的静脉血既有来自胎儿各器官的“陈旧”血液，也有来自胎盘的“新鲜”血液，二者在心房混合后进入心室，再由心室加压泵送到胎儿各器官系统和胎盘。脐动脉和脐静脉在胎盘处形成毛细血管网，动脉和静脉两套血管系统在此处汇合。胎儿胎盘和母体胎盘两个系统在毛细血管之间进行物质、气体交换和转运。

第四节 妊娠与妊娠诊断

妊娠是哺乳动物所特有的一种生理现象，是自卵子受精开始一直到胎儿发育成熟后与其附属物共同排出前，母体所发生的复杂生理过程，主要包括妊娠的识别与建立、妊娠的维持等阶段。

一、妊娠的识别与建立

在妊娠早期，胚胎产生某种化学因子或激素作为妊娠信号传递给母体，母体遂作出相应的生理反应，以识别和确认胚胎的存在，由此，母体和孕体之间建立起密切的联系，这一过程称妊娠识别。

妊娠识别的实质是胚胎产生某种抗溶黄体物质，作用于母体的子宫或黄体，阻止或抵消 $PGF_{2\alpha}$ 的溶黄体作用，使黄体变为妊娠黄体，维持雌性动物妊娠。不同动物妊娠信号的物质形式有着明显的差异。灵长类的人和猕猴，囊胚合胞体滋养层产生 HCG；牛、羊胚胎产生滋养层糖蛋白；猪囊胚滋养外胚层合成雌酮和雌二醇，以及在子宫内合成硫酸雌酮。这些物质都具有抗溶黄体、促进妊娠建立和维持的作用。

母体妊娠识别后，即进入妊娠的生理状态。不同家畜妊娠识别的时间有差异，猪为配种后 10 ~ 12 d，牛 16 ~ 17 d，绵羊 12 ~ 13 d，马 14 ~ 16 d。

二、妊娠的维持

妊娠的维持是母体和胎盘所产生相关激素间的协调和平衡过程，其中孕激素是维持妊娠的重要激素。在排卵前后，雌激素和孕酮含量的变化，是子宫内膜增生、胚泡附植的主要动因。在整个妊娠期，孕酮对妊娠的维持体现了多方面的作用：抑制雌激素和催产素对子宫肌的收缩作用，使胎儿发育处于平静而稳定的环境；促进子宫颈栓的形成，防止妊娠期间异物和病原微生物侵入子宫、危及胎儿；抑制垂体 FSH 的分泌和释放，抑制卵巢上卵泡发育和雌性动物发情；妊娠后期孕酮水平下降有利于分娩的启动。

雌激素和孕激素的协同作用可改变子宫基质，增强子宫弹性，促进子宫肌纤维和胶原纤维增长，以满足胎儿、胎膜和胎水增长对空间扩张的需求；还可刺激和维持子宫内膜血管的发育，为子宫和胎儿发育提供营养来源。

三、妊娠期及其影响因素

（一）妊娠期及其影响因素

各种动物的妊娠期有明显差异（见表 3–3）。同种动物妊娠期也受到年龄、胎儿数、胎儿性别和环境等因素的影响。一般早熟品种妊娠期较短；初产雌性动物、单胎动物怀双胎、怀雌性胎儿以及胎儿个体较大等情况，妊娠期相对缩短；多胎动物怀胎数偏多，妊娠期缩短；家猪妊娠期比野猪短；马怀骡妊娠期延长；小型犬妊娠期比大型犬短。

表 3–3　各种动物的妊娠期

种类	平均 /d	范围 /d
牛	282	276 ~ 290
水牛	307	295 ~ 315
牦牛	255	226 ~ 289
猪	114	102 ~ 140
羊	150	146 ~ 161
马	340	320 ~ 350
驴	360	350 ~ 370
骆驼	389	370 ~ 390

续表

种类	平均 /d	范围 /d
犬	62	59 ~ 65
猫	58	55 ~ 60
家兔	30	28 ~ 33
野兔	51	50 ~ 52
大鼠	22	20 ~ 25
小鼠	22	20 ~ 25
豚鼠	60	59 ~ 62
梅花鹿	235	229 ~ 241
马鹿	250	241 ~ 265
长颈鹿	420	402 ~ 431
水貂	47	37 ~ 91
貉	61	54 ~ 65
狗獾	220	210 ~ 240
蹦獾	65	57 ~ 80
狐	52	50 ~ 61
狼	62	55 ~ 70
花面狸	60	55 ~ 68
猪荆	71	67 ~ 74
河狸	106	105 ~ 107
艾虎	42	40 ~ 46
水獭	56	51 ~ 71
獭兔	31	30 ~ 33
麝鼠	28	25 ~ 30
毛丝鼠	111	105 ~ 118
海狸鼠	133	120 ~ 140
麝	185	178 ~ 192

（二）妊娠期间的内分泌变化

除马以外，多数哺乳动物的妊娠黄体在整个妊娠期都是持续存在的。兔、猫和犬等动物在妊娠期内垂体不可缺少，而小鼠、大鼠、豚鼠、猴等在妊娠后半期切除垂体并不引起流产，只对泌乳有影响，说明在不同种动物的妊娠维持中，垂体促性腺激素对孕酮分泌调节能力具有明显的种间差异。

母体在妊娠期间，内分泌系统将发生相应变化。妊娠期垂体促甲状腺激素和促肾上腺皮质激素分泌增多。由于孕激素通过对下丘脑的负反馈作用而抑制 LH 的分泌，故妊娠期间卵巢无成熟卵泡产生，也不排卵。妊娠后垂体催乳素分泌增加，促进乳腺发育，在分娩后促使乳腺分泌乳汁。妊娠期间母体内雌激素的变化因畜种不同而存在差异。牛、羊等反刍动物随着妊娠的进展，雌激素含量随之增加；变化最明显的是母马，妊娠 3 个月时，血浆中雌激素浓度维持在低水平，之后随着妊娠期的延长而稳定上升，到妊娠 7 ~ 10 个月时，雌激素含量达到最高峰。

四、妊娠母畜的变化

（一）妊娠母畜全身的变化

妊娠后，随着胎儿生长，母体新陈代谢加强，食欲增加，消化能力提高，营养状况改善，体重增加，被毛光润。妊娠后期，胎儿生长发育迅速，需要从母体获取大量营养，因此往往需消耗前期贮存的营养，以供应胎儿。如果饲养水平不高，妊娠中、后期体重减轻明显，甚至造成胎儿死亡。胎儿生长发育到最快的阶段，也是钙、磷等矿物质需要量最多的阶段，若不能从饲料中得到及时补充，易造成雌性动物缺钙，出现后肢跛行、牙齿磨损快、产后瘫痪等症状。

由于子宫体积增大，孕畜腹主动脉和腹腔、盆腔中静脉因受子宫压迫，血液循环不畅，使躯干后部和后肢出现淤血，并且呼吸运动浅而快，肺活量变小。此外，还出现血凝固能力增强、红细胞沉降速度加快等现象。

（二）妊娠母畜生殖器官的变化

1. 卵巢变化

动物配种后，如果没有妊娠，则卵巢上的黄体退化，如果妊娠则黄体会继续存在，进而发育成妊娠黄体，从而中断发情周期。在整个妊娠期，孕酮对于维持妊娠和胚胎发育至关重要。牛在妊娠早期，若黄体分泌的孕酮量少，达不到维持妊娠的需要量或在妊娠最末一个月以前摘除黄体，就会在 3 ~ 8 d 内发生流产。妊娠期的黄体细胞实际上是不断变化的，其机能足以影响妊娠的发展。在妊娠 16 ~ 33 d 时，母牛黄体细胞经历未成熟、成熟和开始退化三个过程。在成熟黄体期不仅细胞数量增多而且细胞体积增大，而未成熟的黄体细胞数相应减少。母牛在妊娠第 18 ~ 28 天内，这两种类型的黄体细胞约占全部黄体细胞的 83%。绵羊在妊娠前期的卵巢变化与牛相似，但仅在妊娠的前 1/3 期内须有黄体存在，到妊娠第 115 天时黄体体积缩小。猪妊娠期的黄体数目往往比胎儿数目多，孕后也有再发情的。牛在妊娠期，黄体不突出在卵巢表面，但保持较大的体积直至分娩前。

一般来说，黄体能够维持整个妊娠期的全过程直至分娩或分娩后的若干天。但是，马和驴除外，马和驴的副黄体可来自黄体化的卵泡或排卵后形成的黄体。黄体在妊娠第 5 个月时开始萎缩消退。在妊娠到 7 个月时仅剩下黄体的遗迹，妊娠的最后两周，卵巢开始活动，所以分娩后很快就会发情。

此外，母畜妊娠后，卵巢的位置随胎儿体积和子宫质量的增大而向腹腔前下方沉移，子宫阔韧带由于负重而紧张拉长。马妊娠 3 个月后，卵巢位置不仅向腹腔前下方移动，而且两侧卵巢都逐渐向正中矢状面靠拢。

2. 内生殖道变化

无论是单胎动物还是多胎动物，母畜妊娠后，子宫发生增生、生长、扩展，其具体时间随畜种的不同而异。附植前，在孕酮作用下，子宫内膜增生，血管增加，子宫腺增长、卷曲，白细胞浸润；附植后，子宫肌层肥大，结缔组织基质增生，纤维和胶原含量增加。子宫扩展期间自身生长减慢，胎儿迅速生长，子宫肌层变薄，纤维拉长。由于孕激素的作用，子宫活动被抑制，对外界刺激的反应性降低，对催产素（OXT）、雌激素的敏感性降低，在这一阶段处于生理安静状态。

（1）体积与位置

妊娠后子宫的发育不仅表现在黏膜增生，子宫肌肉组织也在生长，特别是孕侧子宫角和子宫体的体积增大。在单胎妊娠时，子宫增大首先从孕角和子宫体开始。因为胚泡为圆形，而且多位于一侧子宫角和子宫体交界处，所以扩大首先并且主要发生在交界处。在整个妊娠期，孕角的增长比空角大很多，二者从妊娠初期开始出现不对称。牛、羊、马孕角的增大主要是大弯向前扩张，小弯则伸张不大。马的子宫体也扩大（胎儿主要在子宫体内）。妊娠末期，牛、羊子宫占据腹腔的右半，并超过中线达到左侧，瘤胃被挤向前。马的子宫位于腹腔中部，但有时也偏向左侧或右侧。猪的子宫角最长可达 1.5 ~ 3 m，曲折地位于腹底，并向前抵达横膈。妊娠后期，子宫肌纤维逐渐肥大增生，结缔组织基质亦增加。基质的变化为妊娠子宫相应变化的进展和产后子宫的复原奠定了基础。由于胎儿生长及胎水增多使子宫发生扩张，子宫壁随着妊娠逐渐变薄，尤以妊娠后期最为显著。羊在妊娠末期子宫壁可以薄至 1 mm，因而在进行手术助产时应注意防止破裂。

（2）黏膜

受精后，子宫黏膜在雌激素和孕酮的先后作用下，血液供应增多，上皮增生，黏膜增厚，并形成大量皱襞。子宫腺扩张、伸长，细胞中的糖原增多，且分泌量增多，有利于囊胚的附植，并供给胚胎发育所需要的营养物质。以后，黏膜形成母体胎盘。牛、羊属于子叶型胎盘，母体胎盘是由子宫黏膜上的子宫阜构成，子叶在妊娠中后期明显增大，孕角中的子叶要比空角大。马在妊娠的前 5 个月内，子宫黏膜上形成子宫内膜杯，能够产生 PMSG，对维持妊娠可能起平衡作用。

（3）子宫颈

妊娠后子宫颈收缩很紧而且变粗，子宫颈的黏膜层增厚。同时，由于宫颈内膜腺管的增加，黏膜上皮的单细胞腺分泌一种黏稠的黏液，填充于子宫颈内，称为子宫颈栓。与此同时，子宫颈括约肌的收缩使子宫颈管处于完全封闭状态，这样可以防止外物进入子宫内，起到保护胎儿的作用。子宫颈栓在妊娠初期透明、淡白，妊娠中后期变淡黄色，更黏稠，且分泌量逐渐增多，并流入阴道内，使阴道黏膜变得黏涩。子宫颈分泌物较多，新分泌的黏液代替旧黏液，子宫颈栓常常更新。因此，牛在妊娠后常有被排出的旧黏液黏附于阴门外下角。马的子宫颈栓较少，子宫颈封闭较松，手指可以伸入。马的子宫颈栓受到破坏后，会在 3 d 左右发生流产。此外，妊娠后子宫颈的位置也往往稍偏向一侧，质地较硬，牛子宫颈往往稍变扁，马的子宫颈细圆而硬。

在妊娠的中后期，子宫由于重量增大而下沉至腹腔，子宫颈因受子宫牵连由骨盆腔移至耻骨前缘的前下方，直到妊娠后期。在临产前数周，由于子宫扩张和胎位上移才又回到骨盆腔内。

（4）血液供应

妊娠子宫的血液供应量随胎儿发育所需要的营养增多而逐渐增加。母羊在妊娠第 80 天，每分钟通过子宫的血液量为 200 mL/min，当妊娠至第 150 天时，血液流量可增加至 1 000 mL/min 以上，而未孕母羊子宫血液流量只有 25 mL/min。因此，分布于子宫的血管分支逐渐增多，主要血管增粗，尤其是子宫中动脉和后动脉的变化特别明显。牛、马妊娠末期的子宫中动脉可变到如食指或拇指粗细。在动脉变粗的同时由于黏膜层增生、加厚，动脉内膜的皱襞亦变厚且和肌层联系变疏松，因此，在血液流过时原清晰有力的脉搏，继而变为间隔不明显的流水样颤动，称之为妊娠脉搏。孕角一侧出现妊娠脉搏要比空角早，因而在生产实践中，通过直肠检查大家畜的妊娠脉搏可作为妊娠诊断的重要依据。

（5）子宫阔韧带

妊娠后，子宫阔韧带中的平滑肌纤维及结缔组织增生，子宫阔韧带变厚。此外，由于子宫质量的逐渐增加，子宫下沉，因而使子宫阔韧带伸长并且绷得很紧。

3. 外生殖道变化

妊娠初期，阴唇收缩，阴门裂紧闭。随妊娠期的进展，阴唇的水肿程度增加，牛的这种变化比马明显。初次妊娠牛在妊娠 5 个月时、经产母牛在妊娠 7 个月时出现这种变化。妊娠后阴道黏膜的颜色变苍白，黏膜上覆盖有从子宫颈分泌出来的浓稠黏液，因该黏膜并不滑润，插入和拔出开张器时感到滞涩。在妊娠末期，阴唇、阴道发生水肿而变柔软。

五、妊娠诊断

母畜在自然交配、人工授精或胚胎移植之后，为判断是否妊娠、妊娠时间以及胎儿和生殖器官的生理状况，应用临床和实验室的方法进行检查，称之为妊娠诊断。妊娠诊断的方法很多，但在生产实践中应用要考虑到准确、经济、实用。

妊娠诊断的方法有很多种，主要包括外部检查法、直肠检查法、阴道检查法、免疫学诊断法、超声波诊断法等，各有其优缺点，生产中应根据实际情况灵活选用。

（一）外部检查法

妊娠诊断的外部检查法主要根据雌性动物妊娠后的行为变化和外部表现来判断是否妊娠。例如，周期发情停止，食欲增进，膘情改善，毛色光泽，性情温顺；行动谨慎安稳；妊娠中期或后期，腹围增大，偏向一侧（牛、羊为右侧，猪为下腹部，马为左侧）突出；乳房胀大，牛、马和驴有腹下水肿现象；牛 8 个月以后，马、驴 6 个月可见胎动；妊娠后期（猪 2 个月后，牛 7 个月后，马、驴 8 个月后）隔着右侧（牛、羊）或左侧（马、驴）或最后两对乳头上方（猪）的腹壁，可触摸到胎儿；当胎儿胸部紧贴母体腹壁处时，可听到胎儿心音。

雌性动物妊娠的外部表现多在妊娠的中、后期才比较明显，难以做出早期是否妊娠的判断。特别是某些动物在妊娠早期常出现假发情现象，更容易造成误诊。其次在配种后因营养、生殖疾患或环境应激造成的乏情现象也有可能被误认为妊娠表现。

（二）直肠检查法

妊娠诊断的直肠检查法是大型动物早期妊娠诊断准确有效的方法之一。由于可以通过直肠壁直接触摸卵巢、子宫、胎泡和子叶的形态、大小和变化，及时了解妊娠进程，判断妊娠的大体月份，无须复杂的设备，又可判断假发情、假怀孕、生殖器官疾病和胎儿的死活。因此，直肠检查被广泛应用于牛、马和驴等大型动物的早期妊娠诊断。

直肠检查妊娠鉴定的主要依据是动物妊娠后生殖器官所发生的相应变化。在直肠检查中，根据妊娠的不同阶段检查的侧重点有所不同：在妊娠初期，主要以卵巢上黄体的状态，子宫角形状、对称性和质地变化为主；胎泡形成后，要以胎泡的存在和大小为主并判断子叶的有无和直径；胎泡下沉入腹腔时，则以卵巢位置、子宫颈紧张度和子宫动脉妊娠脉搏为主。

直肠检查进行妊娠诊断应注意以下问题。

第一，区分妊娠子宫和异常子宫。因子宫炎症造成的子宫积脓或积水，也会造成一侧子宫角和子宫体膨大，质量增加，子宫下沉带动卵巢位置下降，其现象类似于妊娠。需仔细触摸才能做出诊断。马子宫积脓或积水时，子宫角无圆、细、硬的感觉，无胎泡形体感；牛无子叶出现，一般不会出现子宫动脉的妊娠脉搏现象。

第二，判断妊娠和假孕。马、驴出现假孕的比例较多，在配种后无返情表现，子宫角呈怀孕征状，阴道变化与妊娠相似，但是在配种 40 d 以上的直肠检查，整个子宫并无胎泡存在，卵巢上无卵泡发育和排卵。经多次检查，一旦确诊为假孕，可用 40℃生理盐水冲洗子宫几次，灌注抗生素，促其重新发情配种。

第三，正确区分胎泡和膀胱。牛、马等动物的膀胱充满尿液时，其大小和妊娠 70 ~ 90 d 的胎泡相似，直肠检查时容易混淆。区别的要领是膀胱呈梨形，正常情况下位于子宫下方，两侧无牵连物，表面不光滑，有网状感；胎泡则偏于一侧子宫角基部，表面光滑，质地均匀。

第四，注意孕后发情。母马妊娠早期，排卵的对侧卵巢常有卵泡发育，并有轻微的发情表现。对于这种现象，在直肠检查时要根据子宫是否具有典型的妊娠变化，卵巢上若无明显的成熟卵泡即可认为假发情。母牛在配种后 20 d，妊娠牛偶尔也会出现发情的外部表现。

第五，注意一些特殊变化。当母牛怀双胎时，两侧的子宫角对称；马、驴的胚胎未在子宫角基部着床，而是位于子宫角上部或尖端。这些特殊情况都可能在生产中遇到，因此，直肠检查需要综合判断。

（三）阴道检查法

动物妊娠后，阴道呈现规律性的变化，可作为妊娠判断的指标，但一般不能作为妊娠诊断的主要依据。

1. 阴道黏膜

各种动物在妊娠 3 周以后，阴道黏膜由未孕时的粉红变为苍白，表面干燥、无光泽、滞涩，阴道收缩变紧，插入开张器时感到有阻力。

2. 阴道黏液

牛的变化最为明显。妊娠 1.5 ~ 2 个月，子宫颈口处有黏稠黏液，量较少；3 ~ 4 个月后，量增多，为灰白或灰黄色糊状黏液；6 个月以后，变为稀薄而透明。羊妊娠 20 d 后，黏液由原来稀薄、透明变得黏稠，可拉成丝状；若稀薄而量大，颜色呈灰白色脓样，说明未孕。马妊娠后阴道黏液变稠，由灰白变为灰黄，量增加，有芳香味，pH 由中性变为弱酸性。

电子探针用于阴道检查，可以判断奶牛所处的生理状态，除了用于判断适宜输精时间外，也可用于早期妊娠诊断。电子探针有多种类型，其中 2009 型电子探针最常用，柄上有一开关控制两探头间的夹角，将探头插入阴道距子宫颈 2 cm 处，测定其电阻值：电阻值＞ 30 Ω 为妊娠，电阻值≤ 30 Ω 为未孕。

3. 子宫颈检查

妊娠后子宫颈紧闭，有子宫颈栓存在。子宫颈位置随妊娠进展向前向下移动。

牛妊娠过程中子宫颈栓有更替现象，被更替的黏液排出时，常黏附于阴门下角，并有粪土黏着，这可作为妊娠表现之一。马在妊娠3周后，子宫颈即收缩紧闭，开始子宫颈栓较少，3 ~ 4个月以后逐渐增多，子宫颈阴道部变得细而尖。

但是，通过阴道检查进行妊娠判断，某些未孕但有持久黄体或者已怀孕而阴道或子宫颈发生某些病理性变化时，有时会出现判断失误，且阴道检查易造成母体感染和难以确定妊娠日期，也难对早期妊娠做出准确判断，因此，应用阴道检查法进行妊娠诊断时务必谨慎。

（四）免疫学诊断法

免疫学诊断法是根据免疫化学和免疫生物学的原理所进行的妊娠诊断。对动物妊娠免疫学诊断的方法研究虽然较多，但真正在实践中应用的却很少。

免疫学诊断的主要依据：雌性动物妊娠后，由胚胎、胎盘及母体组织产生的某些化学物质成分、激素或酶类，其含量在妊娠的过程中发生规律性变化，其中有些物质可能具有很好的抗原性，刺激动物产生免疫反应。如果用这些具有抗原性的物质去免疫动物，会在体内产生很强的抗体，制备抗血清后，抗体只能和其诱导的抗原相同或相近的物质进行特异性结合。抗原和抗体的这种结合可以通过两种方法在体外被测定出来。一是荧光染料和同位素标记，然后在显微镜下定位；二是利用抗体和抗原结合产生的某些物理现象，如凝集反应、沉淀反应等的有无作为妊娠诊断的依据。研究较多的有红细胞凝集抑制试验、红细胞凝集试验和沉淀反应等方法。

通过测定外周血浆硫酸雌酮（E_1S）也可判断是否妊娠。1976年，Perry研究发现母猪妊娠12 d后，胚泡开始分泌雌激素，主要是雌酮（E_1），然后在子宫内膜转变成结合态E_1S（也有人认为在胎儿体内进行），最后进入血液循环。母牛妊娠70 d，母体血液E_1S浓度升高，且奶中E_1S水平与血液一致。配种20 d后采血检测成功率较高。此外，也可通过测定尿和粪中E_1S浓度进行早期妊娠诊断。

（五）血或奶中孕酮水平测定法

动物妊娠后，由于妊娠黄体的存在，在下一个情期到来之前，血清和奶中的孕酮含量要明显高于未孕者。采用放射免疫和蛋白竞争结合法等测定方法，采集奶牛的血样或奶样进行孕酮水平的测定，然后与未孕奶牛测定值对比。这种方法适于进行早期妊娠诊断，判断妊娠的准确率一般在80% ~ 95%；而对未孕判断准确率可达100%。由于造成被测雌性动物孕酮水平高的原因很多，诸如持久黄体、黄体囊肿、胚胎死亡或其他卵巢、子宫疾病等，往往造成一定比例的误诊。此外，孕酮测定的试剂盒标准误差、测定仪器和技术水平等都可能影响诊断的准确性。

除妊娠诊断外，采用孕酮测定法还可以有效地进行雌性动物的发情鉴定、持久黄体、胚胎死亡等多项监测。孕酮测定法所需仪器昂贵，技术和试剂要求精确，适合大批量测定。从采样到得到结果的时间需要几天，又由于对妊娠诊断的准确率不高，推广应用仍有较多困难。

（六）超声波诊断法

超声波诊断法是利用超声波在传播过程中遇到母体子宫不同组织结构而出现不同反射特性，探知胚胎是否存在以及胎动、胎儿心音和胎儿脉搏等，进而进行妊娠诊断的方法。超声波诊断法主要有三种，即 A 超法、多普勒法和 B 超法。

1.A 超法

A 超在配种后 32 ~ 62 d 犬的妊娠诊断准确率达 90%，空怀准确率达 83%；对妊娠 20 ~ 30 d 以后的母猪诊断准确率可达 93% ~ 100%；绵羊最早在妊娠 40 d 才能测出，60 d 以上的准确率达 100%；牛、马妊娠 60 d 以上才能做出准确判断。可见该型仪器的诊断时间在妊娠中后期才能确诊。目前较少应用。

2. 多普勒法

多普勒超声诊断仪适于诊断妊娠和判断胎儿死活。检测的多普勒信号主要有子宫动脉血流音、胎儿心搏音、脐带血流音、胎儿活动音和胎盘血流音。其探头依用途和结构而不同，如直肠探头、阴道探头、体外探头、多晶片探头及混合探头。但存在着因操作技术和个体差异常造成诊断时间偏长、准确率不高等问题。

3.B 超法

超声断层扫描（简称 B 超），是将超声回声信号以光点明暗显示出来，回声的强弱与光点的亮度一致。这样由点到线到面构成一幅被扫描部位组织或脏器的二维断层图像，称为声像图。超声波在动物体内传播时，由于脏器或组织的声阻抗不同，界面形态不同，加之脏器间密度较低的间隙，造成各脏器不同的反射规律，形成各脏器各具特点的声像图。点图像包括灰色阴影，色度范围从黑色（超声波无回声）到白色（高回声）。

液体（尿液、尿囊液和羊膜液）对超声波的反射低，因此在声像图上呈黑色。发育的骨骼是高回声，故呈白色。牛、羊、猪、驴等配种后 25 ~ 30 d 可达到较为理想的诊断效果。B 超诊断有时间早、速度快、准确率高等优点。用 B 超可通过探查胎水、胎体或胎心搏动以及胎盘来判断妊娠阶段、胎儿数、胎儿性别及胎儿的状态等。

直肠内和腹部超声波扫描探头用于小反刍动物妊娠诊断。对于腹部扫描，探头放于腹股沟腹部区和其下少毛分布区的连接区域。使用一种匹配的偶联剂（如羧甲基纤维素）可以确保探头和组织直接接触。毛发、污垢、油脂和粪便等会干扰影像或产生不可阅读图像。

B 超探头分为线阵和扇形扫描两种，目前常用频率有 3.5 MHz、5.0 MHz 和 7.5

MHz，以 5.0 MHz 和 7.5 MHz 最多。小反刍动物妊娠诊断用的超声频率为 3.5 ～ 7.5 MHz。低频可提供较深的穿透底层组织的影像，但缺乏判断信息。高频不能穿透较深组织，但可提供结构构造的限定图像。5.0 MHz 传感器最实用，腹部扫描和直肠扫描都能提供很好的诊断图像。3.5 MHz 传感器对于腹扫效果好，7.5 MHz 传感器是妊娠早期直肠诊断的优选，也可用于检查卵巢结构。

（1）线阵超声波法

线阵超声传感器直肠扫描可提供很好的结果，并给出胎儿和胎盘结构，用于妊娠 18 ～ 120 d 诊断。

（2）扇形超声波法

扇形传感器不像线阵功能多，但它是腹部扫描妊娠诊断的优选方法。小扇形传感器可用于大动物直肠扫描，进行繁殖诊断。90° 扇扫和线阵类似，提供高质量图像，但需操作经验和时间。大角度扇扫提供胎儿图像，快速数出胎儿数及评估妊娠阶段。扇扫传感器妊娠诊断限于怀孕后 30 ～ 120 d。早期妊娠诊断需扫描到腹股沟区域，因为这时子宫和未妊娠时位置没有变化。妊娠 90 d 后，胎儿发育很快，很难清楚观察到整个子宫。另外，妊娠 110 ～ 120 d，胎儿骨骼变得致密，反映在超声波图像上是发散波，阻碍形成可读图像。所以，妊娠 110 d 后，数胎儿困难，较妊娠早期诊断的准确性差。

（3）扇形—线阵超声波法

具备混合线阵和扇扫探头的特征超声波仪能储存图像，可用于记录和比较，并可将图像转移到远程计算机进行分析和图像增强等。妊娠诊断最佳时间要依据生产目的和所提供超声波信息的侧重点不同而异。通常，B 超妊娠诊断理想时间是妊娠 45 ～ 90 d。

妊娠诊断基于最初图像——液体、胎盘和胎儿结构。胚泡液体是妊娠后最早可识别的指示，妊娠 30 d 可用扇扫探头扫到，45 d 液泡声像明显，胎儿可被识别；在 35 d 时仔细观察，可显示胎儿心跳。妊娠约 22 d，子叶开始发育，到 40 d 沿液泡边缘出现小的灰色“C”或“O”形结构；妊娠 45 d，骨架结构可完全鉴定，呈现非常明亮的图像。

随着胎儿的继续发育，其特征性结构更易鉴定。需要注意：在连续性测定某种结构时，由于二维图像如同图片急速切入，所以，同一结构的不同结果与声波穿透该结构的角度有关，如旋转探头 90° 将改变胎儿纵向图像为横向。

预测胎龄可通过测径器作图分析顶臀长或颅顶骨宽，妊娠 50 d 后胎儿形态变化趋于相对恒定，妊娠天数的估测较准确（误差 ±2 d），但耗时。一种更快估测妊娠天数的方法是用胎儿躯干扇扫大小和以特定妊娠天数为基准的一系列拉伸或裁切的图像大小进行比对。

准确判断胎儿数取决于检测时的妊娠时间、探头和技术员的熟练程度，对多胎图像的判断要通过扫描观察，在两个胎儿之间存在一个隔膜将其分开。由于多胎比单胎有更多胎盘及附属物，因此可以根据胎盘及附属物数量推测胎儿数量；妊娠 90 d 后，胎儿发育太大，很难扫描到整个胎儿或所有胎儿，因此不能准确数出胎儿数。

应用超声波进行妊娠诊断，一般操作者不仅要掌握妊娠状态图像，而且还要熟悉未妊娠状态图像，以便于做出准确判断。

（七）外源生殖激素诊断法

根据雌性动物对某些外源生殖激素有无特定反应进行妊娠判断，如促黄体素释放激素 A（LRH–A）。由于怀孕母牛体内的大量孕酮可在一定程度拮抗外源生殖激素的作用，导致怀孕母牛不出现发情征状，而未孕母牛则有明显发情征状，因此母牛在配种后 21 ~ 27 d，肌肉注射 LRH–A 200 ~ 500 μg，观察配种后 35 d 内是否返情，一旦返情则为空怀，否则为妊娠状态。

（八）表面等离子共振免疫传感测定法

表面等离子共振免疫传感器（SPRIS）根据免疫反应原理设计，用于现场激素测定，识别溶液中特异化合物，产生溶液中化学物质浓度的信号，用于抗原抗体特异反应时，瞬间以声、光、电或数字显示样品中待测激素含量。SPRIS 用于孕酮测定是理想的现场妊娠诊断技术。

（九）妊娠相关蛋白测定法

1. 妊娠特异蛋白 B 测定法

妊娠特异蛋白 B（PSPB）是一种相对分子质量约为 5×10^7 的蛋白质，是某些动物妊娠期间由胎儿滋养层外胚层双核细胞产生的，从血液中可检测到。放射免疫测定法对奶牛血清 PSPB 检测，发现 PSPB 只在受孕奶牛中检测到。有研究者对 5 头奶牛整个妊娠期间血液 PSPB 浓度监测发现，血液 PSPB 含量随妊娠时间渐增。妊娠 20 d 左右 PSPB 浓度开始升高，30 d 左右大于 1 ng/mL，妊娠 3 个月、6 个月浓度分别为（9 ± 0.6）ng/mL、（35 ± 6）ng/mL，产犊前 2 d 达最高 [（542 ± 144）ng/mL]。所以，测定 PSPB 含量可预测奶牛妊娠时间。

2. 早孕因子诊断法

早孕因子（EPF）是存在于妊娠早期母体血清、羊水中的一种免疫抑制因子，受精后数天甚至数小时可检出，如小鼠交配后 6 h，兔 6 h，大鼠、绵羊、牛、猪 4 ~ 24 h，可测出母体血清 EPF 存在。EPF 免疫调节作用决定胎儿在母体不被当作异体抗原受到免疫排斥。体外培养人和小鼠受精卵 2 细胞期可测出 EPF，小鼠 EPF 活性持续到产前。奶牛、绵羊、猪 EPF 几乎持续整个孕期。猪 EPF 峰出现在妊娠 3 ~ 4 周，有助于了解胚胎移植是否成功及早期胚胎是否死亡和一些生殖道疾病的发现，可作为人类及动物早期妊娠临床诊断指标。

（十）其他妊娠诊断方法

在某些特定条件下进行的简单妊娠判断方法，如子宫颈—阴道黏液理化性状鉴定、尿中雌激素检查等，这些方法难易程度不同，准确率偏低，难以推广应用。

1. 血清酸滴定法

室温下将受检母体血清与适当浓度盐酸混合，一定物质的量浓度硝酸滴定至适当 pH，将溶液静置。透射光下观察，根据颜色变化进行早孕诊断。

2. 碱性磷酸酶（AKP）活力测定法

AKP 广泛分布于动物及人体各种组织和体液。AKP 随妊娠进展而增多，在孕妇及妊娠动物血液中活力较高。伍先淑等发现，未孕牛每 100 mL 血清平均含 AKP（3.74 ± 1.01）mg，妊娠 2 个月血清 AKP 活力明显增高，并逐月递增。

3. 孕马血清促性腺激素（PMSG）放射免疫测定法

PMSG 于母马妊娠第 40 天在血液中出现。第 60 天迅增至 500 ～ 1 000 IU/mL，该浓度维持 40 ～ 65 d。因此，母马配种 40 d 后可用放射免疫测定法测定血液 PMSG，进行妊娠诊断。李宁等用 PMSG 放射免疫测定法对配种后 40 ～ 65 d 母马进行妊娠诊断，确诊率 90%。

4. 辅助诊断技术

（1）子宫颈黏液煮沸法

子宫颈—阴道黏液蒸馏水（或 10%或 25% NaOH 溶液）煮沸法：取牛、马或驴子宫颈—阴道附近黏液约玉米粒大小置于试管中，加蒸馏水（或 10%或 25% NaOH 溶液）5 mL，煮沸 1 min，若黏液呈白色絮状并悬浮于无色透明液体（加 NaOH 黏液完全溶解呈橙黄色或褐色），判为妊娠。未孕者黏液溶解，溶液无色透明（加 NaOH 有出现淡黄色的）。牛诊断准确率 85%以上。

子宫颈—阴道黏液相对密度测试法：孕牛 1 ～ 9 个月阴道分泌物相对密度为 1.016 ～ 1.013，而空怀者小于 1.008，据此用相对密度为 1.008 硫酸铜溶液测定子宫颈—阴道黏液相对密度。黏液投入硫酸铜溶液，如呈块状沉淀为妊娠，否则为空怀。

子宫颈—阴道黏液抹片检查法：取绿豆大小子宫颈—阴道黏液置于载玻片上，制成抹片，自然风干，加几滴 10%硝酸银，1 min 后用水冲洗，加姬姆萨染液 3 ～ 5 滴作用 30 min，冲洗干燥后镜检。若观察到短而细毛发状纹路，且呈紫红色或淡红色为妊娠；若纹路较粗，为黄体期或妊娠 6 个月以上；若羊齿植物状纹路，为发情黏液性状。

（2）7%碘酒测定法

取配种后 23 d 以上母牛晨尿 10 mL 于试管，加 7%碘酒 1 ～ 2 mL 混合后作用

5 ~ 6 min，观察。呈棕褐色或青紫色判为已孕，颜色无变化判未孕。

（3）3%硫酸铜测定法

取配种后20 ~ 30 d母牛常乳和末乳混合乳样1 mL，在平皿中加3%硫酸铜1 ~ 3滴混匀，显现云雾状则为已孕，无变化为未孕。

第四章　动物分娩与助产

第一节　分娩

一、分娩发动的机理

妊娠期满，哺乳动物将发育成熟的胎儿和胎盘从子宫中排出体外的生理过程，称为分娩。分娩的发动是在内分泌和神经等多种因素的协调配合下，由母体和胎儿共同参与完成。

（一）中枢神经系统

中枢神经系统对分娩过程具有调节作用。当子宫颈和阴道受到胎儿前置部分的压迫和刺激时，神经反射的信号经脊髓神经传入大脑再进入垂体后叶，引起催产素的释放，从而增强子宫肌肉的收缩。多数动物在夜间分娩，特别是马、驴，分娩多发生于天黑安静的时候，而犬则一般在夜间或清晨分娩。其原因可能是夜间外界光线弱及干扰少，中枢神经易于接受来自子宫及产道的冲动信号，说明外界因素可能对中枢神经系统调节分娩起着影响作用。

（二）内分泌影响

1. 胎儿内分泌变化

胎儿和母体都对分娩的启动发挥着重要作用。在反刍动物（如绵羊、山羊和牛）中，胎儿内分泌系统对分娩的发动起决定性的作用，但在其他物种（如马）中，其作用不明显。现已证实，牛、羊成熟胎儿的下丘脑—垂体—肾上腺系统对分娩的发动起着至关重要的作用，妊娠期的延长通常与胎儿大脑和肾上腺的发育不全（异常）有关。

切除胎羔的下丘脑、垂体或肾上腺，会使母体的妊娠期延长。对切除垂体或肾上腺的胎羔灌注促肾上腺皮质激素（ACTH）或肾上腺皮质激素类似物（19 碳类固醇、皮质素等），又可引起分娩。进一步试验证明，用 ACTH 或糖皮质素滴注正常发育的胎羔，可以诱发提前分娩。另外，对胎儿内分泌的研究结果表明，分娩前，猪、牛、羊和犬胎儿血液中的皮质醇含量显著增加。虽然马在分娩前胎儿血液中皮质醇含量增幅不大，但肾上腺素含量却快速增长。

以绵羊为例，胎儿对分娩发动的作用可以作如下解释：胎羔发育成熟后，其下丘脑可调节垂体分泌 ACTH，促使肾上腺皮质产生皮质醇，皮质醇通过激活胎盘 17α 羟化酶将孕酮经雄烯二酮转化为雌激素。胎盘雌激素分泌的增加和孕酮分泌的减少，激活磷脂酶 A_2，该酶刺激磷脂释放合成前列腺素的原料之一——花生四烯酸。这样，在前列腺素合成酶的作用下，子宫内膜合成 $PGF_{2\alpha}$，以溶解黄体并刺激子宫肌收缩。孕酮对子宫肌的抑制作用的解除，雌激素含量和生理作用的增强，以及胎羔排出时对产道的刺激，反射性引起催产素的释放等综合因素，共同促使子宫有规律的阵缩和努责，发动分娩，排出胎儿。

2. 母体内分泌变化

母体的生殖激素变化与分娩发动有关，但这些变化在不同物种间差异很大。

（1）孕酮

母体血浆孕酮浓度的明显降低，是动物分娩时子宫颈开张和子宫肌收缩的先决条件。

在妊娠期内，孕酮一直处在一个高而稳定的水平上，以维持子宫相对安静且稳定的状态。有人认为，这可能是由于孕酮的作用影响了细胞膜外 Na^+ 和细胞内 K^+ 的交换，改变了膜电位，使膜出现超极化状态，抑制子宫的自发性收缩或催产素引起的收缩作用。孕酮还可强化子宫肌 β 受体的作用，抑制子宫对兴奋的传递，最终导致子宫肌纤维的舒张和平静。临产前，由于胎儿生长迅速，对胎盘的代谢需求增强，从而刺激胎盘合成 PGE_2。PGE_2 对胎儿下丘脑—垂体—肾上腺轴有激活作用，从而导致牛、羊和猪等家畜分娩前胎儿皮质醇等内分泌的变化。

各种家畜产前孕酮含量的变化不尽相同。孕酮开始降低的时间：牛在分娩前 4 ~ 6 周；绵羊在分娩前 1 周；山羊和猪在分娩前几天快速下降；马则在产前达到最高峰，产后迅速下降。

（2）雌激素

随着妊娠时间的增长，在胎儿皮质醇增加的影响下，胎盘产生的雌激素逐渐增加。绵羊和山羊的雌激素在分娩前 16 ~ 24 h 达到高峰；而牛在妊娠期第 250 d，雌激素浓度开始增加，在分娩前 2 ~ 5 d 迅速达到峰值。雌激素可刺激子宫肌的生长和肌球蛋白的合成，提高子宫肌的规律性收缩能力，而且能使子宫颈、阴道、外阴及骨盆韧带（包括坐骨韧带、荐髂韧带）变得松软。雌激素还可促进子宫肌 $PGF_{2\alpha}$ 的合成和分泌以及催产素受体的发育，从而导致黄体退化，提高子宫肌对催产素的敏感性。

分娩前雌激素水平变化种间差异很大，有的明显升高（如绵羊、山羊、兔、牛、猪），有的无改变或缓慢上升（如人、豚鼠和猫），有的反而下降（如马、驴和犬）。

（3）催产素

牛、羊、猪和马的催产素在妊娠后期到分娩前，一直维持在很低的水平上；妊娠期间子宫催产素受体数量很少，导致子宫对催产素的敏感性低；随着妊娠的进行，子宫催产素的受体数量逐渐增加，子宫对催产素的敏感性也随之升高，妊娠末期敏感性可增大 20 倍。所以，在妊娠早期，子宫对大剂量的催产素不发生反应，但到了妊娠末期，仅用少量催产素即可引起子宫强烈收缩。只有在分娩时，当胎儿进入产道后才大量释放，并且是在胎儿头部通过产道时才出现高峰，使子宫发生强烈收缩。因此，催产素对维持正常分娩具有重要作用，但可能不是启动分娩的主要激素。

临产前，孕激素和雌激素比值的降低可促进催产素的释放，胎儿及胎囊对产道的压迫和刺激也可反射性地引起催产素的释放。催产素可使子宫肌细胞膜的钠泵开放，此时由于大量的 Na^+ 进入细胞，K^+ 从膜内转向膜外。静电位的下降造成膜的反极化状态；同时，催产素能抑制依靠 ATP 产生的 Ca^{2+} 与肌质网的结合，释放大量游离的 Ca^{2+}，Ca^{2+} 再与肌细胞上的收缩调节物质发生作用，引发肌动蛋白的收缩。

（4）前列腺素

$PGF_{2\alpha}$ 对分娩发动起主要作用，表现为：溶解妊娠黄体，解除孕酮的抑制作用；直接刺激子宫肌收缩；刺激垂体后叶释放大量催产素。分娩前 24 h，山羊和绵羊母体胎盘分泌的 $PGF_{2\alpha}$ 浓度剧增，其时间和趋势与雌激素相似。其他家畜也有类似的变化。$PGF_{2\alpha}$ 对羊的分娩尤为重要，产前子宫静脉中的 $PGF_{2\alpha}$ 增加，对子宫平滑肌的收缩有直接的刺激作用；同时，$PGF_{2\alpha}$ 也可以溶解黄体，减少孕酮的分泌，进而刺激垂体后叶释放催产素，这些均有利于子宫肌的收缩和胎儿的产出。

（5）松弛素

猪、牛和绵羊的松弛素主要来自黄体，兔的松弛素主要来自胎盘，它可使经雌激素致敏的骨盆韧带松弛，骨盆开张，子宫颈松软，产道松弛、弹性增加。

（6）皮质醇

分娩发动与胎儿肾上腺皮质激素有关。分娩前各种家畜皮质醇的变化不同，黄体依赖性家畜（如山羊、绵羊、兔）产前胎儿皮质醇显著升高，母体血浆皮质醇也明显升高，猪也有类似变化；奶牛胎儿皮质醇在产前 3 ~ 5 d 会突然升高，但母体皮质醇保持不变；马分娩前胎儿皮质醇稍有升高，但母体皮质醇保持不变。绵羊、山羊和牛，胎儿肾上腺释放的皮质醇通过激活胎盘中的 17α 羟化酶将孕酮转化为雌激素，使母体雌激素与孕酮比值升高，这对分娩的发动起着至关重要的作用。

（三）物理与化学因素

胎膜的增长、胎儿的发育使子宫体积扩大，质量增加，特别是妊娠后期，胎儿的迅速发育、成熟，对子宫的压力超出其承受的能力，从而引起子宫反射性的收缩，发动分娩。当胎儿进入到子宫颈和阴道时，刺激子宫颈和阴道的神经感受器，反射性地引起母体垂体后叶释放催产素，从而促进子宫收缩并释放 $PGF_{2\alpha}$。催产素和 $PGF_{2\alpha}$ 的进一步增高，引起子宫肌收缩加剧，促进胎儿的排出。

（四）免疫学因素

胎儿带有父母双方的遗传物质，对母体免疫系统来说是异物，理应引起母体产生免疫排斥反应，但在妊娠期间由于胎盘屏障和高浓度的孕酮等多种因素的作用，这种排斥反应受到抑制，妊娠得以维持。胎儿发育成熟时，会引起胎盘脂肪变性。临近分娩时，由于孕酮浓度的急剧下降和胎盘的变性分离，孕体遭到免疫排斥而与子宫分离。

二、分娩预兆与分娩过程

随着胎儿发育成熟，临近分娩前母畜会发生一系列的生理及行为的变化。分娩时排出胎儿的力量主要靠子宫和腹肌的强烈收缩，但能否顺利产出胎儿，与胎儿在子宫内的状态、位置等密切相关。

（一）分娩预兆

母畜分娩前，在生理、形态及行为方面都将发生一系列的变化，称为分娩预兆。以此来估测和判断分娩的时间，以便做好接产和产后护理的准备工作。分娩预兆主要包括乳房、阴唇、骨盆韧带和行为等方面的变化，在不同畜种之间存在一定的差异。

1. 牛

奶牛在产前（经产牛约 10 d）可由乳头挤出少量清亮的胶样液体或初乳；产前 2 d，除乳房极度膨胀、皮肤发红外，乳头中充满初乳，乳头表面被覆一层蜡样物质。部分奶牛在临产前出现漏奶现象，乳汁成滴或成股流出；漏奶开始后数小时至 1 d 即分娩。分娩前约 1 周阴唇开始逐渐柔软、肿胀，增大 2 ~ 3 倍。分娩前 1 ~ 2 d 子宫颈开始肿大、松软。封闭子宫颈管的黏液软化，流出阴道，有时吊在阴门外，呈透明索状。荐坐韧带从分娩前 1 ~ 2 周即开始软化，至产前 12 ~ 36 h 荐坐韧带后缘变得非常松软，外形消失，荐骨两旁组织塌陷，俗称“塌窝”或“塌胯”。但这些变化在初产牛表现不明显。产前 1 个月到产前 7 ~ 8 d 体温逐渐上升，可达 39℃；分娩前 12 h 左右，体温下降 0.4 ~ 1.2℃。

2. 羊

羊在分娩前子宫颈和骨盆韧带松弛，胎羔活动和子宫的敏感性增强。分娩前 12 h 子宫内压增高，子宫颈逐渐扩张。分娩前数小时，母羊精神不安，出现刨地、转动和起卧等现象。山羊阴唇变化不明显，至产前数小时或 10 余小时才显著增大，产前排出黏液。

3. 猪

猪在产前 3 d 左右乳头向外伸张，中部两对乳头可以挤出少量清亮液体；产前 1 d 左右可以挤出 1 ～ 2 滴白色初乳或出现漏奶现象。阴道的肿大开始于产前 3 ～ 5 d，有的在产前数小时排出黏液。荐坐韧带后缘变得柔软。在产前 6 ～ 12 h（有时为数天）母猪有衔草做窝现象，这在我国的地方猪种尤为明显。

4. 马、驴

马在产前数天乳头变粗大，往往在漏奶当天或次日夜晚分娩。驴在产前 3 ～ 5 d 乳头基部开始膨大，产前 2 d 整个乳头变粗大，呈圆锥状，起初从乳头中挤出的是清亮的液体，以后即为白色初乳。阴道壁松软和变短明显，黏膜潮红，黏液由原来的浓厚、黏稠变为稀薄、滑润，但无黏液外流现象。阴唇在产前 10 余小时开始胀大，荐坐韧带后缘变柔软。

5. 兔

兔在产前数天，乳房肿胀，可挤出乳汁；外阴部肿胀、充血、黏膜湿润潮红；食欲减退或废绝。产前 2 ～ 3 d 或数小时开始衔草做窝。母兔常衔下胸前、肋下或乳房周围的毛铺入产仔箱。

6. 犬

犬分娩前两周乳房开始膨大；分娩前几天乳腺通常含有乳汁，有的个体可挤出白色乳汁。阴道流出黏液。临产前，母犬不安、喘息并寻找僻静处筑窝分娩。

（二）决定分娩过程的因素

分娩过程的完成取决于产力、产道及胎儿与产道的关系。如果这三个条件能互相协调，分娩就能顺利完成，否则就可能导致难产。

1. 产力

将胎儿从子宫中排出体外的力量称为产力。它是由子宫肌、腹肌和膈肌的节律性收缩共同作用的结果。子宫肌的收缩称为阵缩，是分娩过程中的主要动力；腹肌和膈肌的收缩称为努责，它在分娩的第二期中与子宫收缩协调，对胎儿的产出具有十分重要的作用。

（1）阵缩

在分娩时，由于催产素的作用，子宫肌出现不随意的收缩，母体伴有痛觉。阵缩具有以下特点。

一是节律性。一般由子宫角尖端开始向子宫颈方向发展。起初收缩的持续时间短，力量弱，间歇时间长。以后发展为收缩时间长，力量强，而间歇时间缩短。

二是不可逆性。每次阵缩，子宫肌纤维收缩一次。在阵缩间歇期中，子宫肌并不恢复到原有的伸展状态。随着阵缩次数的增加，子宫肌纤维持续变短，从而使子宫壁变厚，子宫腔缩小。

三是使子宫颈扩张。子宫颈是子宫肌的附着点，阵缩迫使胎膜、胎水及胎儿向阻力小的子宫颈方向移动，使已经松软的子宫颈逐步扩张。

四是使胎儿活动增强。阵缩时，子宫肌纤维间的血管被挤压，血液循环暂时受阻，胎儿体内血液中 CO_2 浓度升高，刺激胎儿，使之活动增强，并朝向子宫颈移动和伸展。阵缩暂停时，血液循环恢复，继续供应胎儿氧气。如果没有间歇，胎儿就有可能因缺氧而窒息。因此，间歇性阵缩有重要的生理作用。

五是使子宫阔韧带收缩。阵缩时，子宫阔韧带的平滑肌也随之收缩。二者结合，提举胎儿向后方移动。阵缩开始于分娩开口期，经过产出期而至胎衣排出期结束，即贯穿于整个分娩过程。

（2）努责

当子宫颈管完全开张，胎儿经过子宫颈进入阴道时，刺激骨盆腔神经，引起腹肌和膈肌的反射性收缩。母畜表现为暂停呼吸，腹肌和膈肌的收缩迫使胎儿向后移动。努责比阵缩出现晚，停止早，主要发生在胎儿产出期。

2. 产道

产道是胎儿由子宫内排出体外的必经通道，由软产道和硬产道共同构成。

（1）软产道

软产道包括子宫颈、阴道、阴道前庭及阴门。子宫颈是子宫的门户，妊娠时紧闭；妊娠末期到临产前，在松弛素和雌激素的共同作用下，软产道的各部分变得松弛柔软。分娩时，阵缩将胎儿向后方挤压，子宫颈管被撑开扩大，阴道也随之扩张，阴道前庭和阴门也被撑开扩大。初产母畜分娩时，软产道往往扩张不全，影响分娩过程。

（2）硬产道

硬产道就是骨盆，由荐骨、前三个尾椎、髋骨及荐坐韧带所构成。骨盆可以分为以下四个部分。

骨盆入口：即骨盆的腹腔面，上面由荐骨基部，两侧由髂骨体，下面由耻骨前缘构成，骨盆入口斜向下方，髂骨体和骨盆底构成的角度称为入口的倾斜度。入口的大小、形状、倾斜度和能否扩张与胎儿能否顺利通过有很大关系。

骨盆出口：即骨盆腔向臀部的开口，上面由第 1 ~ 3 尾椎，两侧由荐坐韧带后缘，下面由坐骨弓所围成。

骨盆腔：介于骨盆入口和出口之间的空腔体。

骨盆轴：为通过骨盆腔中心的一条假设轴线，代表胎儿通过骨盆腔的路线。

由于动物种类不同，骨盆构造存在一定的差异。牛的骨盆入口呈竖的长圆形，倾斜度较小，骨盆底后部向上倾斜，骨盆轴呈曲折的弧形，分娩速度较其他家畜慢；

羊的骨盆入口为椭圆形，倾斜度很大，坐骨结节扁平外翻，骨盆轴与马相似，呈弧形，利于骨盆腔扩张，胎儿通过比较容易；猪的骨盆入口为椭圆形，倾斜度很大，骨盆底部宽而平坦，骨盆轴向下倾斜，且近乎直线，胎儿通过比较容易；马和驴的骨盆构造相似，近乎圆形，且倾斜度大，骨盆底宽而平，骨盆轴呈向上稍凸的短而直的弧形，分娩速度较其他家畜快。

3. 胎儿与产道的关系

分娩时，胎儿和母体产道的相互关系对胎儿的产出有很大影响。此外，胎儿的大小和畸形与否也影响胎儿能否顺利产出。

（1）胎向

胎向即胎儿的方向，也就是胎儿身体纵轴和母体纵轴的关系称为胎向。胎向可分为三类，①纵向：胎儿的纵轴与母体的纵轴平行。纵向有两种情况：胎儿头部和（或）前腿先进入产道为正生，后腿或臀部先进入产道为倒生。②竖向：胎儿的纵轴与母体纵轴呈上、下垂直。胎儿的背部向着产道的称为背竖向；腹部向着产道，称为腹竖向。③横向：胎儿横卧于子宫内，胎儿纵轴与母体纵轴呈水平垂直。有背部向着产道和腹部向着产道（四肢伸入产道）两种，前者称为背部前置的横向（背横向），后者称为腹部前置的横向（腹横向）。

正常的胎向为纵向，竖向和横向均会造成难产。当然，严格的横向及竖向是没有的，横向和竖向都不是很端正地和母体纵轴垂直。

（2）胎位

胎儿的背部与母体背部或腹部的关系称为胎位。胎位也有三种，①上位：胎儿的背部朝向母体背部，俯卧于子宫内。②下位：胎儿的背部朝向母体下腹部，即胎儿仰卧在子宫内。③侧位：胎儿的背部朝向母体的侧壁，即胎儿侧卧于子宫内，可分为右侧位和左侧位。

上位是正常的，下位和侧位是异常的。侧位如果倾斜不大，称为轻度侧位，仍可视为正常。

（3）胎势

胎儿在母体子宫内各部分之间的相互关系称为胎势。

正常胎势在正生时应为两前肢伸直，头颈伸直覆于前肢上，呈上位姿势进入产道。如倒生时，两后肢伸直进入产道。这样胎儿以楔形进入产道，容易通过产道。如果胎儿颈部弯曲，四肢屈曲，则扩大了胎儿产出时的横径，会造成难产。胎势因妊娠期长短、胎水多少、子宫腔内松紧不同而异。在妊娠前期，胎儿小、羊水多，胎儿在子宫内有较大的活动空间，其姿势容易改变。在妊娠末期，胎儿的头、颈和四肢屈曲在一起，但仍能正常活动。

（4）前置

分娩时胎儿身体先进入产道的那一部分称为前置，又称先露。例如，正生又可称为前躯前置，倒生又可称为后躯前置。但通常用“前置”一词来说明胎儿的反常情况。例如，前腿的腕部是屈曲的，没有伸直，腕部向着产道，叫作腕部前置；后腿的髋关节是屈曲的，后腿伸于胎儿自身之下，坐骨向着产道，称为坐骨前置等。

及时了解产前及产出时胎向、胎位和胎势的变化，对于早期发现分娩异常、确定适宜的助产时间和方法及抢救胎儿的生命具有重要意义。在分娩时，各种家畜胎儿在子宫中的方向大体呈纵向，其中大多数为前躯前置，少数呈后躯前置。

4. 胎儿产出时的胎向、胎位、胎势的变化

妊娠期间，子宫随胎儿的发育而扩大，使胎儿与子宫形状相互适应。妊娠子宫呈椭圆形囊状，胎儿在子宫内呈蜷缩姿势，头颈向着腹部弯曲，四肢收拢屈曲于腹下，呈椭圆形。产出时，胎儿的方向不会发生变化，因子宫内的容积不允许它发生改变，但胎位和胎势则必须改变，使其肢体成为伸长的状态，以适应骨盆的形状。如果胎儿保持屈曲的侧卧或仰卧姿势，将不利于分娩。阵缩时胎儿姿势的改变，主要表现在胎儿旋转，改变成背部向上的上位，头颈和四肢伸展，使整个身体呈细长姿势，有利于通过产道。

胎儿的正常方向必须是纵向，否则一定会引起难产。牛、羊、马的胎儿多半是正生，倒生尽管可认为是正常的，但其难产的比例比正生要高。猪的倒生可达40%～46%，但不会造成难产。牛、羊的瘤胃在分娩时如果比较充盈，则胎儿的方向稍斜，不会是端正的纵向。生双胎时，两个胎儿大多数是一个正生，一个倒生；有时也会是均为正生或倒生。

正常的胎位是上位，但轻度侧位并不会造成难产，也认为是正常的。胎儿有三个比较宽大的部分，即头、肩和臀。在分娩时，这三个部分难以通过产道，特别是头部。

（三）分娩过程

分娩过程是母畜从子宫和腹肌出现收缩开始，到胎儿和附着物排出为止。大体可分为子宫开口期、胎儿产出期和胎衣排出期三个阶段。

1. 子宫开口期

子宫开口期，也称宫颈开张期，是指从子宫开始阵缩起，到子宫颈口完全开张，与阴道的界限消失为止。在此期间，产畜寻找不易受干扰的地方等待分娩，初产母畜表现不安、常做排尿姿势、呼吸加快、起卧频繁、食欲减退等；经产者表现不甚明显。这一阶段的特点是只有阵缩，没有努责。开始收缩的频率低，间歇时间长，持续收缩的时间和强度低。随后收缩频率加快，收缩的强度和持续时间增加，到最后每隔几分钟收缩一次。例如，牛在开口期进食及反刍均不规则，子宫阵缩为每隔 15

min 左右出现 1 次，每次维持 15 ～ 30 s。随后阵缩的频率增高，可达每 3 min 收缩 1 次。在胎儿产出前 2 h，阵缩每小时 12 ～ 24 次，胎儿产出时每小时达 48 次。牛、羊到开口末期，有时胎膜囊露出阴门之外。

2. 胎儿产出期

胎儿产出期，简称产出期，指从子宫颈完全开张到胎儿排出为止的这段时间。在这段时间内，子宫的阵缩和努责共同发生作用。努责是指膈肌和腹肌的反射性和随意性收缩，一般在胎膜进入产道后才出现，是排出胎儿的主要动力，它比阵缩出现晚，停止早。在胎儿产出期母畜表现烦躁不安、呼吸和脉搏加快，最后侧卧，四肢伸直，强烈努责。

分娩顺利与否，和骨盆腔扩张的关系很大。骨盆腔的扩张除与骨盆韧带，特别是荐坐韧带的松弛程度有关外，还与母畜是否卧下有密切关系。母畜在分娩时多采用侧卧且后肢挺直的姿势，这是因为在卧地时有利于分娩，胎儿接近并容易进入骨盆腔；腹壁不负担内脏器官及胎儿的质量，因而收缩更为有力，有利于骨盆腔的扩张。由于荐骨、尾椎及骨盆部的韧带是臀中肌、股二头肌（马、牛）及半腱肌（马）的附着点，母畜侧卧且两腿向后挺直，这些肌肉得以松弛，荐骨和尾椎能够向上活动，骨盆腔及其出口就变得容易扩张；若站立分娩，肌肉的紧张将导致荐骨后部及尾椎向下拉紧，骨盆腔及出口的扩大受到限制。

胎儿产出期，阵缩的力量、次数及持续时间增加。与此同时，胎囊及胎儿的前置部分刺激子宫颈及阴道，使垂体后叶催产素的释放量骤增，从而引起腹肌和膈肌的强烈收缩。努责与阵缩密切配合，并逐渐加强。由于强烈阵缩及努责，胎水挤压着胎膜向完全开张的产道移动，最后胎膜破裂，排出胎水。胎儿也随着努责向产道内移动，当间歇时，胎儿又稍退回子宫；但在胎儿楔入骨盆之后，间歇时不能再退回。胎儿最宽部分的排出需要较长的时间，特别是胎儿头部，当通过骨盆及其出口时，母畜努责十分强烈。这时有的母牛表现出张口伸舌、呼吸促迫、眼球转动、四肢痉挛样伸直等，并且常常哞叫。在胎儿头部露出阴门以后，产畜往往稍事休息，随后继续努责，将胎儿胸部排出，然后努责骤然缓和，其余部分很快排出。如母猪产出一头仔猪后，通常都有一段间歇时间，然后再努责。胎儿产出后努责停止，母畜休息片刻便站立起来，开始照顾新生仔畜。

3. 胎衣排出期

胎衣是胎膜的总称。胎衣排出期指胎儿排出后到胎衣完全排出为止的这段时间。胎儿产出后，母畜稍加休息，几分钟后，子宫恢复阵缩，但收缩的频率和强度都比较弱，伴随轻微的努责将胎衣排出。猫、狗等动物的胎衣常随胎儿同时排出。

胎衣能够排出主要得益于分娩过程中子宫强有力的收缩，使胎盘中大量的血液被排出，子宫黏膜窝张力减小，胎儿绒毛体积缩小、间隙加大，使绒毛容易从腺窝中脱出。

由于各种动物胎盘组织结构的差异，所以胎衣排出的时间也各不相同。

第二节　助产与产后护理

在自然状态下，动物往往自己寻找安静地方，将胎儿产出，并让其吮吸乳汁。因此，原则上对正常分娩的母畜无须助产。助产人员的主要职责是监视母畜的分娩情况，发现问题及时给母畜必要的辅助，并对仔畜及时护理，确保母子平安。

一、助产前的准备

（一）产房

对产房要求一般是宽敞、清洁、干燥、安静、无风、阳光充足、通风良好、配有照明设施。孕畜在转入前，必须对产房墙壁及饲槽消毒，换上清洁柔软的垫草。天冷的时候，产房须有保温条件，特别是猪，温度应不低于 15 ~ 18℃，否则分娩时间可能延长，仔猪死亡率增加。根据配种记录和产前预兆，一般在产前 1 ~ 2 周将孕畜转入产房。

（二）药械及用品

常用的药械及用品包括 70%酒精、5%碘酒、消毒溶液、催产药物、注射器、脱脂棉花和纱布、体温计、听诊器、细绳和产科绳、常用产科器械、毛巾、肥皂、脸盆等。

（三）助产人员

助产人员应受过助产训练，熟悉母畜分娩规律，严格遵守助产操作规程及必要的值班制度，尤其在夜间。在助产时要注意自身消毒和防护，防止人身伤害和人畜共患病的感染。

二、正常分娩的助产

（一）作好助产准备

用热水清洗并消毒母畜外阴部及其周围，用绷带缠好母畜尾根，并将尾巴拉向一侧系于颈部。胎儿产出期开始时，助产人员应系上胶围裙，穿上胶鞋，消毒手臂，准备做必要的检查工作。

对于长毛品种动物，要剪掉乳房、会阴和后肢部位的长毛；用温水、肥皂水将孕畜外阴部、肛门、尾根及乳房洗净擦干，再用苯扎溴铵溶液消毒。

（二）进行助产处理

1. 临产检查

大家畜的胎儿前置部分进入产道时，可将手臂伸入产道，检查胎向、胎位及胎势，对胎儿的反常作出早期诊断，及早发现、尽早矫正。除检查胎儿外，还可检查母畜骨盆有无变形，阴门、阴道及子宫颈的松软扩张程度，以判断有无因产道异常而发生难产的可能。这样不仅能避免难产，甚至可以急救胎儿。正生时，胎儿的三件（唇和二蹄）俱全，则可等候自然排出。

2. 及时助产

遇到下述情况时，要及时拉出胎儿：母畜努责阵缩微弱，无力排出胎儿；产道狭窄或胎儿过大，产出滞缓；正生时胎儿头部通过阴门困难，迟迟没有进展。此外，牛、马在倒生时，因为脐带可能被挤压于胎儿与骨盆底之间，妨碍血液流通，因此，须迅速将胎儿拉出，避免胎儿因氧气供应受阻而反射性地吸入羊水，导致窒息。

当胎儿头部露出阴门之外，而羊膜尚未破裂时应立即撕破羊膜，擦净胎儿鼻孔内的黏液，露出鼻端，便于胎儿呼吸，防止窒息。

猪分娩时，有时相邻两胎儿的产出间隔时间较长，若无强烈努责，胎儿的生命一般并无危险，但若经历过强烈努责而仍未产出胎儿，有可能导致胎儿窒息死亡。这种情况可以用手或助产器械拉出胎儿，也可注射催产药物，促使胎儿排出。猪的死胎往往发生在最后分娩的几个胎儿，所以在产出末期，若发现仍有胎儿而排出滞缓时，则必须用药物催产。

遇到羊水已流失，即使胎儿尚未产出，也要尽快将胎儿拉出，可抓住胎头及前肢，随母畜努责，沿骨盆轴方向拉出胎儿，在牵拉过程中要注意保护阴门不被撕裂。

3. 擦去口鼻黏液

胎儿产出后，要立即擦去口腔和鼻腔黏液，防止吸入肺内引起异物性肺炎。

4. 注意初生仔畜的断脐和脐带的消毒

胎儿产出后，若脐带被自行挣断，一般可不结扎；但若产出后脐带不断，可用手捋着脐带向幼仔腹部挤压血液至体内，以增进幼仔健康，然后距脐带基部 5 ~ 10 cm 处结扎断脐。幼仔脐带的断端必须用 5% ~ 10% 碘酊或 5% 碳酸溶液浸泡，以防止感染或发生破伤风。

三、难产的种类及其助产

（一）难产的种类及发生率

1. 难产的种类

难产分为产力性、产道性和胎儿性三种。前两种是由于母体原因引起，后一种则由于胎儿原因引起。

（1）产力性难产

产力性难产包括产力异常（阵缩及努责微弱、努责过强等）、破水过早和子宫疝气等。子宫迟缓是指在分娩的子宫开口期及胎儿产出期，子宫肌层的收缩频率、持续期及强度不足，导致胎儿不能排出。努责过强是指母畜在分娩时子宫壁及腹壁的收缩时间长、间隙短、力量强烈，有时子宫壁的一些肌肉还出现痉挛性的不协调收缩，形成狭窄环。破水过早是指在子宫颈尚未完全松软开张、胎儿姿势尚未转正或进入产道时，胎囊即已破裂，胎水流失。

（2）产道性难产

产道性难产是指由于母体软产道及硬产道的异常而引起的难产。软产道异常中比较常见的有子宫捻转、子宫颈开张不全等。另外，阴道及阴门狭窄、双子宫颈等亦可造成难产。硬产道异常主要是骨盆狭窄，其中包括幼稚骨盆、骨盆变形等。子宫捻转是指子宫、一侧子宫角或子宫角的一部分围绕各自的纵轴发生扭转。此病在各种动物均有发生，但最常见于奶牛、羊，马和驴时有发生，猪则少见，是母体性难产的常见病因之一。子宫颈开张不全是牛、羊最常见的难产原因之一，其他动物则少见。

（3）胎儿性难产

胎儿性难产主要指由胎势、胎位和胎向异常和胎儿过大等引起，此外胎儿畸形或两个胎儿同时楔入产道等，亦能引起难产。

2. 难产的发生率

难产的发生率与家畜的种类、品种、年龄、内分泌、饲养管理水平等因素有关，家畜中以牛最常发生，发生率为3.25%，山羊为3%～5%，而马和猪的发生率相对较低，为1%～2%。一般以胎儿性难产发生率较高，约占难产总数的80%；因母体原因引起的难产较少，约占20%。体格较大的品种，难产的发生率高，如夏洛来牛由于胎儿体型较大易发生产道性难产，难产率较高（10%～30%），一般牛群发生产道性难产在2%～10%。此外，初产母畜的难产率高于经产母畜。

（二）难产的助产

难产种类繁多、复杂，在实施助产前，通过对胎儿及产道的临床检查，必须判明难产情况，这是原则，在此基础上，才能确定助产方案。

1. 子宫迟缓

猪的难产可用产科套、产科钩钳等助产器械拉出胎儿。当手或器械触及不到胎儿时，可待胎儿移至子宫颈时再拉。有时只要取出阻碍生产的胎儿后，其余胎儿会自行产出。大家畜一般都不用药物进行催产，而行牵引术。猪和羊，如果手和器械触及不到胎儿，可使用OXT，促使子宫收缩，但使用前，必须确认子宫颈已经充分开张，胎势、胎位和胎儿姿势正常，且骨盆无狭窄或其他异常，否则可能加剧难产，增加助产的难度。在怀疑仔猪未产完时，也可使用OXT。肌肉和皮下注射OXT的剂量：猪和羊10 ~ 20 U。为了提高子宫对催产素的敏感性，必要时可先注射苯甲酸雌二醇4 ~ 8 mg或乙藏酚8 ~ 12 mg，1 h后再进行OXT的处理。

2. 努责过强及破水过早

如努责过强，可用指尖掐压病畜背部皮肤，使之减缓努责。如已破水，可以根据胎儿姿势、位置等异常情况，进行矫正后牵引，如果子宫颈未完全松软开张，胎囊尚未破裂，为缓解子宫的收缩和努责，可注射镇静麻醉药物。如果胎儿已经死亡，矫正、牵引均无效果，可施行截胎术或剖宫产术。

3. 子宫捻转

若临产时发生捻转，应首先把子宫转正，然后拉出胎儿；若产前发生捻转，应对子宫进行矫正。矫正子宫的方法通常有四种：通过产道或直肠矫正胎儿及子宫、翻转母体、剖腹矫正和剖宫产。后三种方法主要用于捻转程度较大而产道极度狭窄，手难以进入产道或用于子宫颈尚未开放的产前捻转。

4. 子宫颈开张不全

助产取决于病因、胎儿及子宫的状况。如果牛的阵缩努责不强、胎囊未破且胎儿还活着，须稍等候，使子宫颈尽可能开张，过早拉出易造成胎儿或子宫颈损伤。在此期间可注射已烯雌酚、OXT和葡萄糖酸钙等进行药物治疗。根据子宫颈开张的程度、胎囊破裂与否及胎儿的死活等，选用牵引术、剖宫产或截胎。

5. 胎儿过大

胎儿过大引起的难产，可以选用的助产方法有：①用牵引术协助胎儿产出（产道灌注润滑剂，缓慢牵拉）。②用外阴切开术扩大产道出口。③用剖宫产术取出胎儿。④用截胎术缩小胎儿的体积，取出胎儿。⑤母畜超出预产期且怀疑为巨型胎儿时，可用人工诱导分娩。

6. 双胎难产

双胎难产的助产原则是先推回一个胎儿，再拉出另一个胎儿，然后再将推回的胎儿拉出。在推回胎儿时一定要注意：怀双胎时，子宫容易破裂，因此推的时候应谨慎小心。双胎胎儿一般都比较小，拉出并无多大困难，但在推之前，须把两个胎儿的肢体分辨清楚，不要错把两个胎儿的腿拴在一起外拉。如果产程已很长，矫正及牵引均困难很大时，可用剖宫产术或截胎术。双胎难产救治后多发生胎衣不下，因此应尽早用手术法剥离，并及时注射OXT。

7. 胎势异常

一般需要将胎儿推回腹腔，因此大多需要施行硬膜外麻醉，将胎儿矫正后再用牵引术拉出。胎势异常可能是单独发生，也可能与胎位、胎向异常同时发生。

8. 胎位异常

胎儿只有在正常的上位时才能顺利产出，因此在救治这类难产时，必须将侧位或下位的胎儿矫正成上位。在矫正时，必须先将胎儿推回，然后在前置的适当部位上用力转动胎儿。如果能使母畜站立，则矫正较容易。

9. 胎向异常

胎向异常的难产极难救治。救治的主要方法是转动胎儿，将竖向或横向矫正成纵向。一般是先将最近的肢体向骨盆入口处拉，如果四肢都差不多时，最好将其矫正为倒生，并灌入大剂量的润滑剂，防止子宫发生损伤或破裂。如果胎儿死亡，则宜施行截胎术，当胎儿活着时，宜尽早施行剖宫产术。

四、产后仔畜和母畜的护理

分娩后母畜的生殖器官发生了很大变化，机体的抵抗力减弱，为病原微生物的入侵和繁衍创造了条件，因此必须加强对母畜的护理；新生仔畜产出后，周围环境和生活条件发生了根本性变化，为了使仔畜适应外界环境，很好地生长发育，必须加强对其的护理。

（一）新生仔畜的护理

新生仔畜是指断脐到脐带干缩脱落这个阶段的幼畜。由于仔畜出生后，由原来的母体环境进入外界环境，生活条件和生活方式发生了巨大变化，仔畜的各个器官开始独立活动，但是，其生理机能还不甚完善，抗病力和适应能力都很差，因此，在这一阶段的主要任务是促使仔畜尽快适应新环境，减少新生仔畜的病患和死亡。

1. 防止窒息

仔畜出生后应立即清除其口腔和鼻腔的黏液以防新生仔畜窒息。一旦出现窒息，应立即查找原因并进行人工呼吸。

2. 注意保温

由于新生仔畜的体温调节中枢尚未发育完全，皮肤调节体温的能力也比较差，在外界环境温度较低，特别是冬、春季节要注意仔畜的防寒、保温。分娩后应立即擦干羊水或让母畜舐干仔畜身上的黏液，可减少仔畜热量的散失，有利于母仔感情的建立。新生仔畜不仅对低温很敏感，对高温也敏感，例如，出生后 2 ~ 3 d 的羔羊在 38℃只能存活 2 h 左右。因此，在高热季节要注意仔畜的防暑。

3. 帮助哺乳

母畜产后，最初几天分泌的乳汁为初乳。一般产后 4 ~ 7 d 即变为常乳。初乳的营养丰富，蛋白质、矿物质和维生素 A 等脂溶性维生素的含量较高，且容易消化，甚至有些小分子物质不经肠道消化便可直接吸收。特别是初乳内还含有大量的免疫抗体，这对新生仔畜获得免疫抗体提高抗病能力是十分必要的。因此，必须使新生仔畜尽早吃到初乳。

4. 开展人工哺乳或寄养

对于因产仔过多、母畜奶头不够或母畜产后死亡等而失乳的仔畜应进行人工哺乳或寄养，要做到定时、定量、定温；用牛奶或奶粉给其他畜种的仔畜人工哺乳时，最好除去脂肪并加入适量的糖、鱼肝油、食盐等添加剂，并做适当的稀释。

5. 防止脐带炎

一般仔畜断脐后经 2 ~ 6 d，脐带即可干缩脱落，但若在断脐后消毒不严，脐带受到感染或被尿液浸润，或仔畜相互吮吸脐带均易引起感染，进而发生脐血管及其周围组织的炎症，这种情况在犊牛和幼驹中比较常见。发生初期，可在脐孔周围皮下分点注射青霉素普鲁卡因溶液，并局部涂以松榴油与 5% 碘酊等量合剂；若发生脓肿则应切开脓肿部，撒以磺胺类粉，并用绷带保护。对脐带坏疽性脐炎，要切除坏死组织，用消毒液清洗后，再用碘溶液、石炭酸或硝酸银腐蚀药涂抹。

（二）产后母畜的护理

母畜分娩和产后期，生殖器官发生很大变化，产道的开张以及产道和黏膜的某些损伤，分娩后子宫内沉积的大量恶露，使母畜在这段时间抵抗力降低，并易于被病原微生物侵入和感染，因此，为促使产后母畜尽快恢复正常，应加强对产后母畜的护理。

母畜产后要供给质量好、营养丰富和容易消化的饲料；根据家畜品种的不同，一般在 1 ~ 2 周即可转为常规饲料；由于恶露排出，母畜的外阴部和臀部要经常清洗和消毒，勤换洁净的垫草；对役用母畜在产后 20 d 内停止使役；注意观察产后母畜的行为和状态，是否有胎衣不下、阴道或子宫脱出、产后瘫痪和乳房炎等疾病发生，一旦发现异常情况应立即采取措施。

母畜分娩时由于脱水严重，一般都口渴。因此，在产后及时供给新鲜清洁的温水，饮水中最好加入少量食盐和麸皮，以增强母畜体质，有助于恢复健康。

（三）产后母畜子宫和卵巢的恢复

1. 子宫的恢复

母畜分娩后，子宫黏膜表层发生变性、脱落，原属母体胎盘部分的子宫黏膜被再生黏膜代替，子宫恢复到正常的体积和功能的过程称为子宫复旧。对牛、羊来说，子宫阜的体积缩小，并逐渐恢复到妊娠前的大小。在黏膜再生的过程中，变性脱落的子宫黏膜、白细胞、部分血液、残留在子宫内的胎水以及子宫腺分泌物等被排出，这种混合液体叫作恶露。最初为红褐色，继而变成黄褐色，最后变为无色透明。恶露排尽的时间：猪 2 ~ 3 d，牛 10 ~ 12 d，绵羊 5 ~ 6 d，山羊 12 ~ 14 d，马 2 ~ 3

d。恶露持续的时间过长或者颜色异常，有可能是子宫某些病理性变化的反应。

随着子宫黏膜的恢复和更新，子宫肌纤维也发生相应的变化。开始阶段子宫壁变厚，体积缩小，随后子宫肌纤维变性，部分被吸收，使子宫壁变薄并逐渐恢复到原来的状态。子宫复原的时间：猪 10 d 左右，牛 9 ~ 12 d，水牛 30 ~ 45 d，羊 17 ~ 20 d，马 13 ~ 25 d。子宫复旧的速度因家畜的种类、年龄、胎次、是否哺乳、产程长短、是否有产后感染或胎衣不下等因素而有所差异。健康状况差、年龄大、胎次多、哺乳、难产及双胎妊娠、产后发生感染或胎衣不下的母畜，复旧较慢。

2. 卵巢的恢复

母畜分娩后卵巢恢复的时间在不同畜种间差异较大。由于母马卵巢上的黄体在妊娠后半期已开始萎缩，分娩前黄体已消失。因此，分娩后不久就有卵泡发育，并在产后 6 ~ 13 d 出现产后第一次发情排卵。但是，由于生殖器官尚未恢复原状，配种受胎率低，流产率可达 12%，因此，一般不予配种，可考虑在第二次发情时配种。

母猪分娩后黄体退化很快，产后 3 ~ 5 d 部分母猪会出现无排卵的发情现象，由于绝大部分母猪正处于哺乳期，发情和排卵受到抑制。母猪通常在断奶后 3 ~ 5 d 发情排卵。

母牛卵巢上的黄体到分娩后才被吸收，产后第一次发情出现较晚，而且往往只排卵却无发情表现。95%的奶牛在产后 50 d 左右出现第一次发情，40%的肉牛在 50 d 左右出现第一次发情。产后哺乳犊牛或增加挤奶次数，会使产后发情排卵的时间延迟。

（四）母畜产后常见病的防治

1. 胎衣不下

母畜分娩后胎盘（胎衣）在正常时间内未排出体外的现象称为胎衣不下或胎盘滞留。

各种家畜在分娩后，马 1.5 h、猪 1 h、羊 4 h、牛 12 h 内不排出胎衣，则可认为发生胎衣不下。各种家畜都可发生胎衣不下，相比之下以牛最多，尤其在饲养水平较低或生双胎的情况下，发生率可达 30% ~ 40%。奶牛胎衣不下的发生率一般在 10%左右，个别牧场可高达 40%。猪和马的胎盘为上皮绒毛膜型胎盘，不如牛、羊的子叶型胎盘牢固，所以胎衣不下发生率较低。

除饲养水平低可引起胎衣不下外，流产、早产、难产、子宫捻转都能在产出和取出胎儿后，由于子宫收缩乏力而引起胎衣不下。此外，胎盘发生炎症、结缔组织增生，使胎儿胎盘与母体胎盘发生粘连，易引起胎衣不下。

胎衣不下有部分和全部不下之分。发生胎衣全部不下时，胎儿胎盘的大部分仍与子宫黏膜相连，仅见一部分胎膜悬挂于阴门之外。

胎衣部分不下时，大部分胎衣已经排出体外，一部分胎衣仍残留在子宫内，从外部不易发现。对于牛，诊断的主要依据是恶露的排出时间延长，有臭味，并含有腐败胎盘碎片。马的胎衣排出后，可在体外检查胎衣是否完整。猪的胎衣不下多为部分滞留，病猪常表现不安，体温升高，食欲减退，泌乳减少，喜喝水，阴门内流出红褐色液体，内含胎盘碎片。检查排出的胎盘上脐带断端的数目是否与胎儿数目相符，可判断猪的胎盘是否完全排出。

胎衣不下的处理主要包括以下几个方面。

第一，促进子宫收缩。肌肉或皮下注射 OXT，促进子宫收缩，加快排出子宫内已腐败分解的胎衣碎片和液体。剂量：牛 50 ~ 100 U，羊和猪 5 ~ 10 U，注射 2 次（间隔时间为 2 h），药物处理宜早，最好在产后 8 ~ 12 h 注射；分娩后 24 ~ 48 h 处理，效果不佳。除 OXT 外，还可皮下注射麦角新碱，牛 1 ~ 2 mg，猪 0.2 ~ 0.4 mg。

第二，子宫内投药。在子宫黏膜与胎盘之间投放四环素族、土霉素、磺胺类或其他抗生素，起到防止胎盘腐败及子宫感染的作用，等待胎衣自行排出。对于大家畜，每次投药 1 ~ 2 g；对于小家畜，可向子宫内灌注 30 mL 抗生素溶液。隔日投药 1 次，共用 1 ~ 3 次。

子宫内注入复方缩宫素乳剂 50 ~ 100 mL，每日 1 次，直到胎衣排出。宫复康具有消毒、促进子宫收缩的作用，既可促进胎盘排出，又可预防子宫感染。

在子宫内注入 5% ~ 10%盐水 1 ~ 3 L，可促使胎儿胎盘缩小后从母体胎盘上脱落，并有刺激子宫收缩的作用。然而，高渗盐水的刺激性强，使用后必须及时排出。

第三，肌肉注射抗生素。在胎衣不下的早期阶段，通常采用肌肉注射抗生素的方法；当出现体温升高、产道创伤或坏死时，还应根据临床症状的轻重缓急，增大药量，或改用静脉注射，并配合应用提高抵抗力的支持疗法。特别对于小家畜，全身用药是治疗胎衣不下必不可少的一种方法。

第四，手术疗法。经上述方法治疗后若 1 ~ 3 d 胎衣仍不排出时，应立即进行胎衣剥离手术。以牛为例，手术前将牛站立保定，用 1%甲酚皂溶液将外阴、尾根及露出的胎膜洗净消毒，并将尾拉向前侧方拴好。手术者剪短手指甲，消毒并涂上凡士林，左手握住露出阴门外的胎膜，右手指并拢，沿胎膜和阴道黏膜之间插入子宫内，先摸找最近一个粘连的胎儿子叶与子宫子叶，并把子宫子叶夹在食指与中指之间，用拇指轻轻下翻剥离胎儿子叶，使之与子宫子叶分离，同时左手轻轻牵拉露出阴门外胎衣。也可用中指、无名指和小指握住胎儿子叶及胎膜，用拇指及食指翻剥胎儿子叶。剥离胎衣时要由近到远，耐心轻轻地逐个剥离。若子宫角末端剩下几个胎儿子叶不易剥离时，不要勉强硬剥，让其自然排出。剥离胎衣时，一定要分清胎儿子叶和子宫子叶，防止误把子宫子叶扯下来，引起大出血。胎衣剥完后，必须用

0.1%高锰酸钾（或用0.1%苯扎溴铵，或其他刺激性小的消毒液）冲洗，防止子宫内膜感染。冲洗时，先将粗橡胶管（如马胃管、子宫洗涤管）的一端插至子宫的前下部，管的外端接上漏斗，倒入冲洗液2～4 L，待漏斗液体快流完时，迅速把漏斗放低，借虹吸作用使子宫内液充分排出，有时母牛强烈努责，会自行将子宫内液体排出。这样反复冲洗2～3次，至流出液体基本清亮为止。冲洗完后，子宫内放置抗生素（土霉素或金霉素2 g，呋喃西林1 g或碘仿1 g，氨苯磺胺10 g及磺胺噻唑10 g），隔日1次，连用2～3次。冲洗子宫时，橡胶管的一端要放在子宫的前下部，以便冲洗液能充分排出。插管时要把握子宫的深浅，不要插管过深，用力过猛，以防把子宫壁穿破。如果在处理时子宫颈口缩小，可先肌肉注射己烯雌酚（牛10～30 mg），使子宫颈口开放，排出腐败物，然后再放入防止感染或促进子宫收缩的药物。由于胎儿过大、畸形或胎位不正，分娩过程中造成难产、人工助产不当、拉时用力过猛，有可能造成子宫脱出、阴道外翻等产科疾病，在牛上还常发生产后瘫痪。

2. 子宫脱出

子宫角或子宫突出阴道内称为子宫内翻，内翻脱出阴门外的称为子宫脱出。两者只是脱出的程度不同而已。子宫脱出多发生在分娩后的几小时，常见于奶牛。发生的原因可能是胎儿过大，助产不当，大量饮冷水、年老体衰等。

子宫内翻母牛表现不安、努责或频频举尾。检查阴道时，可发现翻转的子宫角。当母牛卧下时，可以看到阴道内翻转的子宫角，此时应及时整理复位。否则子宫内翻脱出会越来越严重，甚至整个子宫会内翻脱出阴道。应及早手术整复，并注射抗生素等。

3. 阴道脱出与阴道外翻

根据脱出的程度阴道脱出可分为完全脱出和不完全脱出，阴道脱出多见于妊娠后期和产后。本病主要发生于牛和山羊，绵羊很少见到。牛和山羊多发生在妊娠后期。牛的阴道完全脱出，常见阴道壁似一排球至篮球大的带状物脱出阴门之外，而且不能自行回缩。脱出部分由于血液循环受阻，黏膜淤血水肿，呈紫红色或暗红色，随病程延长，黏膜表面干燥，流出部分常被粪便、泥土污染，严重时会造成流产，甚至死亡。阴道部分脱出时只是患牛在卧下时，从阴门突出似拳头大小的粉红色带状物，站起时脱出部分能自行缩回。发生阴道脱出时牛稍有不安、常拱背作排尿状外，全身状况多无变化。山羊可能伴有腹膜炎及败血病的症状。

阴道脱出发生的原因主要是在妊娠后期胎儿过大或双胎，腹内压过高压迫阴道而发生。另有可能是胎盘分泌大量雌激素、松弛素，使阴道组织迟缓、韧带松弛而引起，也有一些营养不良的老牛全身组织器官都表现松弛，容易发生阴道脱出。阴道脱出的治疗须视脱出的程度而采用阴门局部缝合等不同的治疗方法。

4. 子宫复旧不全

母畜分娩后子宫恢复至未孕状态的时间延长称为子宫复旧不全或子宫弛缓。多发生于老龄经产母畜，特别常见于奶牛。病因主要是老龄、瘦弱、肥胖、运动不足、胎儿过大、难产及胎衣不下等。

子宫复旧不全的患畜，产后恶露排出时间大为延长，由于腐败分解产物而继发子宫内膜炎。常引起体温升高，精神不振，食欲和产奶量下降。治疗时应增强子宫收缩，促使恶露排出，以防止子宫内膜炎的发生。

5. 产后瘫痪

产后瘫痪通常是在产后突然发生的一种严重代谢性疾病，又称急性低钙血症，中医称之为胎风或产后风。乳牛通常在分娩后 72 h 内发生，少数则在分娩过程中或分娩前数小时发病。常见于喂给大量精料及营养状况良好的高产奶牛，发病率在 10% 左右，而且 9 月份发病率最高，如果治疗不及时就会发生死亡。

病牛初期食欲减退，反刍、瘤胃蠕动微弱或停止、精神不振、低头耷耳、肌肉发抖、站立不稳，首先是后肢出现瘫痪症状，逐渐过渡为意识消失，四肢麻痹昏睡，头颈弯曲，角膜浑浊，流泪，瞳孔放大，肛门松弛，眼睑及皮肤反射消失，体温逐渐降低，耳及四肢冰冷。如不及时治疗，可在几小时内死亡。

母畜发生产后瘫痪的原因目前尚不清楚，一般认为产后血钙的含量剧烈减少。钙具有降低肌肉兴奋的作用，当钙降低后会使神经肌肉过度兴奋导致身体抽搐及强直性痉挛。血糖是维持脑细胞功能的必要能源物质，血糖急剧下降，使大脑皮质受到抑制，继而引起知觉消失，四肢瘫痪等症状。

治疗产后瘫痪的方法较多，补钙（静脉注射 10% 葡萄糖酸钙溶液 800 ~ 1 200 mL 或 5% 氯化钙注射液 600 ~ 800 mL）、注射维生素 D_3、乳房送风等均有较好的疗效。

参考文献

[1] 符世雄，陈祖鸿，孙新明．兔人工授精技术研究进展 [J]. 中国草食动物科学，2022（2）：52–55.

[2] 符世雄，叶方．动物繁殖技术 [M]. 北京：中国轻工业出版社，2022.

[3] 傅春泉，李君荣．动物繁殖技术 [M]. 北京：化学工业出版社，2021.

[4] 高枫，蒋梅兰．动物繁殖方式多样性的适应意义 [J]. 生物学教学，2017（6）：78–79.

[5] 郭青春，冯瑞祥．家畜繁殖技术 [M]. 南昌：江西高校出版社，2018.

[6] 郭勇．现代动物生殖生物技术 [M]. 北京：中国农业出版社，2018.

[7] 韩凤奎．畜禽繁殖与改良技术操作流程 [M]. 北京：中国农业大学出版社，2016.

[8] 韩彦珍．提高动物繁殖力主要措施 [J]. 中国畜禽种业，2017（5）：31–32.

[9] 韩志强，王海军，赵家平等．动物发情鉴定技术的研究进展 [J]. 畜牧兽医学报，2018（10）：2086–2091.

[10] 滑志民．动物繁殖技术 [M]. 北京：中国农业出版社，2016.

[11] 黄爱君．提高母猪受精率的关键措施 [J]. 中国畜禽种业，2020（6）：101.

[12] 黄国清．动物繁殖学 [M]. 南昌：江西科学技术出版社，2017.

[13] 江中良，李青旺．畜禽繁殖与改良 第 3 版 [M]. 北京：高等教育出版社，2021.

[14] 李凤玲．动物繁殖技术 [M]. 北京：北京师范大学出版社，2011.

[15] 李井春，曹新燕．动物生殖学理论与实践 [M]. 北京：化学工业出版社，2016.

[16] 李来平，贾万臣．动物繁殖技术 [M]. 北京：中国农业大学出版社，2015.

[17] 刘闯，李楠，魏巧莉等．促性腺激素释放激素及其类似物在母猪繁殖中应用的研究进展 [J]. 中国畜牧兽医，2019（2）：512–518.

[18] 卢铁华．母羊分娩与产后母子护理技术 [J]. 养殖与饲料，2023（7）：32–34.

[19] 马红霞．影响母猪分娩率的主要因素及措施 [J]. 河南畜牧兽医，2021（1）：6–7.

[20] 梅花．浅谈动物繁殖技术的应用 [J]. 兽医导刊，2021（20）：219.

[21] 慕长顺，宫玲．母猪的分娩和人工干预措施 [J]. 饲料博览，2019（3）：58.

[22] 倪俊卿，王桂柱．牛的繁殖技术 [M]. 石家庄：河北科学技术出版社，2016.

[23] 欧鲁木加甫．母牛分娩前的管理要点 [J]. 中国动物保健，2021（12）：73–74.

[24] 全国畜牧总站组．猪繁殖技能手册 [M]. 北京：中国农业出版社，2020.

[25] 尚珍珍．动物繁殖力影响因素及提高措施 [J]. 畜牧兽医科学（电子版），2019（15）：45–46.

[26] 申子平．动物繁殖规律与繁殖实用技术研究 [M]. 北京：中国原子能出版社，2018.

[27] 孙慧芝．母猪的发情和受精管理 [J]. 畜牧兽医科技信息，2019（6）：101.

[28] 孙振晓 . 家畜人工授精采精方法 [J]. 畜牧兽医科学（电子版），2022（18）：36–37+116.
[29] 王锋，张艳丽 . 动物繁殖学实验教程 第 2 版 [M]. 北京：中国农业大学出版社，2017.
[30] 王洪瑞 . 家畜繁殖技术 [M]. 北京：中国农业出版社，2017.
[31] 王建新，李杰，赵书强 . 动物繁殖学 [M]. 咸阳：西北农林科技大学出版社，2019.
[32] 王巨龙，黎婷，张海燕等 . 外源生殖激素在特种经济动物诱导发情中的应用 [J]. 安徽农学通报，2023（8）：105–107.
[33] 邢凤 . 动物繁殖学 [M]. 北京：北京工业大学出版社，2019.
[34] 徐学玉，罗仁武，王珂等 . 精氨酸对雄性动物繁殖性能的影响 [J]. 畜牧与兽医，2017（9）：121–124.
[35] 杨戈，楚金雨，李绍梅等 . 雌性动物生殖道内精子储存的研究进展 [J]. 生命科学，2021（5）：582–592.
[36] 袁天翔，姜淑妍，刘莹 . 动物繁殖学 [M]. 北京：中国农业科学技术出版社，2020.
[37] 张军辉，王贵江 . 猪繁殖技术 [M]. 石家庄：河北科学技术出版社，2019.
[38] 张响英，陈宏军 . 动物繁殖技术 [M]. 北京：中国农业出版社，2015.
[39] 张跃 . 母猪接产及产后护理技术 [J]. 四川畜牧兽医，2023（7）：49–50.
[40] 张振业 . 牛的品种改良与人工授精技术要点 [J]. 中文科技期刊数据库（全文版）农业科学，2023（2）：24–26.
[41] 赵青松，许芳，杜晨光 . 动物繁殖技术 [M]. 武汉：华中科技大学出版社，2022.
[42] 郑泽男 杨潇 . 马精液冷冻保存稀释液的研究进展 [J]. 中国草食动物科学，2023（3）：53–56，64.
[43] 周虚 . 动物繁殖学 [M]. 北京：科学出版社，2015.
[44] 朱雪丹，曾繁文，潘学情等 . 重组促卵泡激素在哺乳动物辅助生殖中的应用研究进展 [J]. 中国畜牧杂志，2022（7）：42–48.
[45] 朱振东 . 猪精子能量代谢的调控机理研究 [D]. 咸阳：西北农林科技大学，2020.